高等学校机器人工程专业系列教材

FANUC 工业机器人编程操作与仿真

主 编 卢亚平 刘和剑 职山杰

西安电子科技大学出版社

内 容 简 介

本书以"智能制造 2025"为背景，FANUC 工业机器人为载体，ROBOGUIDE 软件为仿真平台，结合作者多年的教学经验、培训经验和技能大赛经验编写而成。全书内容以能力培养为本位、以情境为主体、以项目为中心，学习内容循序渐进，能力要求逐步提高。

本书共 12 章，第 1～7 章介绍工业机器人编程操作，第 8～10 章介绍工业机器人仿真，第 11～12 章介绍工业机器人典型应用。书中配有一些项目、案例和思政小课堂，可加强读者对知识点的掌握。

本书为应用型课程建设的成果，适合作为应用型本科院校机器人工程、电气工程、机械电子工程、机械设计制造及其自动化、智能制造工程等专业以及高职高专院校工业机器人技术、机电一体化技术等专业的教材，也可作为相关从业人员的参考书。

图书在版编目(CIP)数据

FANUC 工业机器人编程操作与仿真 / 卢亚平，刘和剑，职山杰主编. —西安：西安电子科技大学出版社，2022.9(2025.1 重印)
ISBN 978-7-5606-6617-4

Ⅰ. ①F… Ⅱ. ①卢… ②刘… ③职… Ⅲ. ①工业机器人—程序设计—教材 ②工业机器人—系统仿真—教材 Ⅳ. ①TP242.2

中国版本图书馆 CIP 数据核字(2022)第 144219 号

策　　划　陈　婷
责任编辑　于文平
出版发行　西安电子科技大学出版社(西安市太白南路 2 号)
电　　话　(029)88202421　88201467　　　　邮　　编　710071
网　　址　www.xduph.com　　　　　　　　电子邮箱　xdupfxb001@163.com
经　　销　新华书店
印刷单位　陕西天意印务有限责任公司
版　　次　2022 年 9 月第 1 版　2025 年 1 月第 3 次印刷
开　　本　787 毫米×1092 毫米　1/16　印 张　17.5
字　　数　411 千字
定　　价　44.00 元
ISBN 978-7-5606-6617-4
XDUP 6919001-3
如有印装问题可调换

序

2015 年国家提出了《中国制造 2025》，部署全面推进制造强国战略，加快从制造大国转向制造强国的进程，我国智能制造产业自此进入了飞速发展的时期。在这期间中国逐渐成为世界制造业基地，机器人的应用日益增加。实际上，工业机器人作为先进制造业中不可替代的重要装备和手段，已成为衡量一个国家制造业水平和科技水平的重要标志。

随着工业机器人向更深更广方向的发展以及机器人智能化水平的提高，工业机器人的应用范围不断扩大，已从汽车制造业推广到其他制造业，诸如加工生产、视觉检测、医疗协助以及餐饮服务等各行各业中。由此迫切需要培养工业机器人方向的应用技术人才，以应对中国制造产业技术进步和产业升级带动的应用技术人才的大量需求，真正增强地方高校为区域经济社会发展服务的能力，为行业企业技术进步服务的能力，为学习者创造价值的能力。真正培养和造就一支数量充足、结构合理、素质优良、充满活力的制造业人才队伍。

传统学科体系下的教材已经不能满足工科应用型人才的培养模式，亟需按照工作过程系统化的行动体系对知识内容进行解构和重构。本书依据真实环境、真学真做、掌握真本领的要求编写，能够较好地提升学生学科认知，实现实践认知循环；能够充分体现"工学结合、知行合一"的行动教学特点；实现以实践的行动内容为主，理论的学科内容为辅，由知识储备转变为知识应用的教材模式；在教材中融入思政教育，将"思政元素"有机地融入本书，以"工匠精神"培养为灵魂，有效推行将思政教育融入学习目标、学习内容和学习方法的"三融"模式。

为保证本书的新颖性、应用性和适用性，本书的编写不仅有高校教师的参与，也有大量知名的工业机器人方向企业的支持。同时，西安电子科技大学出版社为本书配置了优秀的编辑团队，力求高水准出版。在此，我很高兴看到这本书的出版，也希望这本书能够给更多的应用型高校师生带来教学上的便利，帮助读者尽快掌握智能制造大背景下工业机器人的相关技术，成为智能制造领域中紧缺的应用型、复合型和创新型人才！

前　言

目前我国制造业正处于加快转型升级的重要时期,以工业机器人为主体的机器人产业,正是破解我国产业成本上升、环境制约问题的重要路径选择。李克强总理在政府工作报告中提出,要实施"中国制造2025",加快从制造大国转向制造强国。"中国制造2025"也被称为中国版的工业4.0规划,工业机器人的使用是实现中国制造业转型升级的强力技术手段,也是实施"机器人上岗",实现"机器换人"转型行动的基础。

本着"学以致用"的教学理念,本书依据真实环境、真学真做、掌握真本领的要求来编写,以"中国制造2025"为背景,以企业真实项目案例为基础,满足应用型课程建设需求,能以具体情景展开项目化教学,并融入思政元素。

本书以新颖性、应用性和适用性为原则,分为基础篇、仿真篇和应用篇三部分内容。

● 基础篇——溯本而求源,温故而知新

教学内容循序渐进,能力要求逐步提高。情境之间实现由简单到复杂、由单一到综合的递进过程。

● 仿真篇——工欲善其事,必先利其器

仿真案例内容覆盖全面,并在重复的学习工作过程中逐步融入能力模块,提升项目设计能力、系统集成开发能力。

● 应用篇——学以致用,用学相长

应用案例切合工厂实际情况、富有特色,有效提升学科认知,实现实践认知循环。

本书由苏州大学应用技术学院卢亚平、刘和剑和职山杰主编,卢亚平负责全书统稿,并编写第1～7章,刘和剑编写第8～10章,职山杰编写第11～12章。另外,北京华晟经世信息技术股份有限公司高文虎工程师对本书ROBOGUIDE虚拟仿真提供了丰富的教学案例,上海FANUC机器人有限公司技术学院提供了珍贵的应用案例和技术指导。在此衷心感谢所有对本书出版给予帮助和支持的老师和朋友们,尤其是机器人教研室的各位教师,在此深表谢意。

由于编者水平有限,书中难免有疏漏之处,恳请广大读者批评指正。

编者邮箱地址:215894241@qq.com。

编　者

2022年3月

目　　录

基础篇——溯本而求源，温故而知新

仿真篇——工欲善其事，必先利其器

应用篇——学以致用，用学相长

基础篇

溯本而求源
温故而知新

第1章　行业发展与安全生产

1.1　工业机器人行业发展

1.1.1　中国制造 2025

2010 年我国制造业的产值在全球的占比超过美国，成为全球制造业第一大国。然而随着人口红利消失、产能过剩问题突出，环境恶化带来的不可持续等问题出现，我国制造业走到了十字路口，面临着内部挑战和外部环境变化的双重压力。

2015 年 5 月 8 日国务院印发了《中国制造 2025》，部署全面推进实施制造强国战略。"中国制造 2025"规划总结概括如下：

一个目标：从制造业大国向制造业强国转变，最终要实现制造业强国的目标。

两化融合：信息化和工业化高层次地深度结合。以信息化带动工业化、以工业化促进信息化，走新型工业化道路。

三步走：通过"三步走"战略实现从制造业大国向制造业强国转变的目标。2015 年迈入制造强国之列，2035 年整体达到世界制造强国阵营水平，2045 年综合实力进入世界制造强国前列。

四项原则：市场主导，政府引导；立足当前，着眼长远；整体推进，重点突破；自主发展，开放合作。

五五：五条方针，即创新驱动、质量为先、绿色发展、结构优化和人才为本；五大工程，即制造业创新中心建设工程，强基工程，智能制造工程，绿色制造工程，高端装备创新工程。

1.1.2　发展机遇

国内制造业职工平均工资不断提升为加速机器换人创造了时代背景。根据国家统计局数据，2019 年我国城镇非私营单位制造业就业人员年均工资为 7.8 万元；私营单位制造业就业人员年均工资为 5.3 万元，企业用工成本逐年提升。

伴随工业机器人成本降低，机器换人的经济性逐渐凸显。根据 IFR 数据显示，自 2012 年起，全球工业机器人出口均价总体呈现出稳中有降的趋势。

人口结构变化或将是加速机器换人智能制造升级的中长期驱动因素，其中人口老龄化与劳动年龄人口减少等问题仍面临严峻考验。

(1) 人口老龄化。根据国家统计局数据，2000 年后我国 65 岁以上老人占比已达 7%，标志着我国进入了老龄化社会。截至 2019 年，65 岁以上人口占总人口数量的约 13%。

(2) 劳动年龄人口减少：根据国家人口预计，2020～2050 年我国 15～64 岁劳动年龄人口的绝对数量和人口比重仍将持续下降，65 岁及以上老龄人口及占比则将不断攀升。从国家统计局数据来看，0～15 岁人口比例逐渐降低，2019 年约占总人口的 18%，也预示着未来 15 年劳动年龄人口将会不断降低。

伴随着社会人口老龄化问题加剧以及年轻一代思想认知的转变，劳动力市场成本逐渐攀升或将成为大趋势，我国制造业有望从"劳力苦力"转化为"机器人上岗"。

1.1.3 市场调研

根据国际机器人联合会的统计数据显示，全球工业机器人市场从 2013 年到 2020 年间以 5.4% 的复合年增长率发展，2020 年其销售额达到了 411.7 亿美元。《"十四五"机器人产业发展规划》指出，我国已经连续 8 年成为全球最大的工业机器人消费国。预计未来几年，我国机器人市场需求量将达到 64 200 台，占全球总量的 30%。未来十年，我国机器人市场还将至少保持 30% 的高速增长。按照工业和信息化部的发展规划，到 2022 年，工业机器人装机量达到 100 多万台，大概需要 20 万名工业机器人应用相关从业人员(见表 1-1)。其需求前景如下：

(1) 机器人制造厂商：需求机器人组装、销售、售后支持的技术和营销人才。

(2) 机器人系统集成商：需求机器人工作站开发、安装调试等专业人才。

(3) 机器人应用企业：需求机器人工作站调试维护、操作编程等综合素质较强的技术人才。

表 1-1 岗 位 一 览

序 号	岗位(群)名称	相 关 要 求
1	工业机器人应用系统工程师	承担工业机器人应用系统开发、设计、编程、调试、技术支持，解决机器人在工业生产中的实际应用问题
2	机器人离线编程与仿真工程师	利用机器人离线编程仿真软件搭建工业机器人应用的虚拟现场，针对项目设计要求进行机器人编程仿真、工厂产线仿真调试
3	机器视觉开发工程师	针对现场应用需求，配置工业视觉系统，与机器人接口对接，并优化算法设计程序
4	机器人示教编程工程师	针对加工对象，结合加工工艺，现场示教机器人加工程序，或对离线程序进行现场优化调试，编写调试记录
5	机器人焊接工艺工程师	负责焊接机器人现场技术支持，承担分析并制定焊接机器人产品的焊接顺序、规划焊接工位、制定焊接工艺，对机器人焊接成品质量进行追踪把控
6	机器人喷涂工艺工程师	基于工件的要求制定喷涂机器人喷涂顺序、规划喷涂工位、制定喷涂工艺，对喷涂机器人现场进行技术支持，完成机器人喷涂工件的质量追踪把控

序　号	岗位(群)名称	相 关 要 求
7	机器人材料加工工艺工程师	负责机器人铣削、磨削、切割、雕刻等加工工艺的制定，并对现场的机器人进行技术支持，完成机器人材料加工工件的质量追踪把控
8	机器人搬运码垛工艺工程师	对工业机器人搬运码垛应用现场运行轨迹进行优化设计，以提高工作效率

1.2　工业机器人安全

工业机器人被广泛地应用于制造业等诸多部门，它可以代替人们在具有危险性的场所从事繁重的工作。工业机器人在将人们从繁重的危险性劳动中解放出来的同时，也存在产生危险的因素。由于工业机器人故障所造成的人身伤害事故时有发生，因此我们有必要了解工业机器人的安全问题，加强应急处置能力，提高防范意识。

鉴于工业机器人安全问题的重要性，对工业机器人的事故进行统计和分析，总结出发生安全问题的根本原因主要有：

(1) 企业对于员工的在职安全教育培训不到位，未组织有针对性的培训或培训质量不高，员工安全风险防范意识没有得到有效提升。

(2) 安全防护设施不完善，隔离栏、安全门与机械臂未实现有效连锁。

(3) 应急处置能力不足，现场人员未掌握机械臂紧急情况安全操作技能等。

1.2.1　安全注意事项

以 FANUC 机器人为例，使用中应注意以下安全事项：

(1) FANUC 机器人所有者、操作者必须对自己的安全负责。用户在使用 FANUC 机器人时必须使用安全设备，必须遵守安全条款。

(2) FANUC 机器人程序的设计者及机器人系统的设计和调试者、安装者必须熟悉 FANUC 机器人的编程方式和系统应用及安装事项。

(3) FANUC 机器人和其他设备有很大的不同，不同点在于机器人可以以很高的速度移动很长的距离。

1.2.2　不可使用机器人的场合

在以下一些场合不可使用机器人：

(1) 燃烧的环境。

(2) 有爆炸可能的环境。

(3) 无线电干扰的环境。

(4) 水中或者高湿度环境。

(5) 以运输人或者动物为目的。

(6) 攀爬在机器人上面或悬垂于其下。

(7) 其他与机器人推荐的安装条件和使用条件不一致的条件下。

1.2.3 安全示教和手动机器人

在示教和手动机器人时应注意以下安全事项：

(1) 请不要戴着手套操作示教器和操作面板。

(2) 在点动操作机器人时要采用较低的速度倍率以增加对机器人的控制机会。

(3) 在按下示教器上的点动键之前要考虑到机器人的运动趋势。

(4) 要预先考虑好避让机器人的运动轨迹，并确认该线路不受干涉。

(5) 机器人周围区域必须清洁，无油、水及杂质等。

1.2.4 安全生产运行

安全生产运行注意事项如下：

(1) 在开机运行前，必须知道机器人根据所编程序将要执行的全部任务。

(2) 必须知道所有会左右移动机器人的开关、传感器和控制信号的位置和状态。

(3) 必须知道机器人控制柜和外围控制设备上的紧急停止按钮的位置，随时准备在紧急情况下使用这些按钮。

(4) 永远不要认为机器人没有移动其程序就已经完成，因为这时机器人很有可能是在等待让它继续移动的输入信号。

1.3　作业人员安全

1.3.1　作业人员

机器人作业人员的权限如下：

(1) 操作者：

① 打开或关闭控制柜电源。

② 在操作面板上启动机器人程序。

(2) 编程人员：

① 操作机器人。

② 在安全栅栏内进行机器人的示教、外围设备的调试等。

(3) 维护技术人员：

① 操作机器人。

② 在安全栅栏内进行机器人的示教、外围设备的调试等。

③ 进行维护(修理、调整、更换)作业。

表 1-2 中列出了在安全栅栏外的各种作业及作业人员权限。在该表格中，符号"O"表示该作业可以由该作业人员完成。

表 1-2　在安全栅栏外的各种作业及作业人员权限

项目名称	操作者	编程人员	维护技术人员
打开/关闭控制柜电源	O	O	O
选择操作模式(AUTO，T1，T2)		O	O
选择 Remote/Local 模式		O	O
用示教器(TP)选择机器人程序		O	O
用外部设备选择机器人程序		O	O
在操作面板上启动机器人程序	O	O	O
用示教器(TP)启动机器人程序		O	O
用操作面板复位报警		O	O
用示教器(TP)复位报警		O	O
在示教器(TP)上设置数据	O	O	
用示教器(TP)示教	O	O	
用操作面板紧急停止		O	O
用示教器(TP)紧急停止		O	O
打开安全门紧急停止		O	O
操作面板的维护		O	
示教器(TP)的维护			O

1.3.2　安全用具

安全用具如图 1-1 所示，作业人员应佩戴以下安全用具后再进行作业：
(1) 适合于作业内容的工作服。
(2) 安全鞋。
(3) 安全帽。
(4) 与作业内容及环境相关的其他必备的安全装备(如防护眼镜、防毒面具等)。

图 1-1　安全用具

1.4 设备安全

1.4.1 紧急停止

急停按钮设备如图 1-2 所示，机器人有以下急停按钮设备：

(1) 急停按钮。

(2) 外部(输入信号)急停设备。

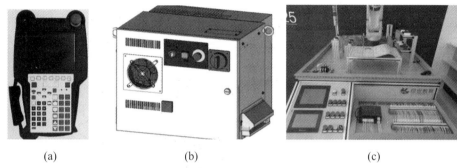

  (a)   (b)   (c)

图 1-2　急停按钮设备

当急停按钮被按下时，机器人立即停止运行。外部(输入信号)急停来自外围设备(如安全栅栏、安全门等)。信号接线端在机器人控制柜内。

1.4.2 模式选择开关

模式选择开关安装在机器人控制柜上，通过这个开关来选择一种操作模式。被选的模式可通过拔走钥匙来锁定。模式选择开关如图 1-3 所示，通过这个开关来转换模式时，机器人系统停止运行，并且相应的信息会显示在示教器(TP)的液晶显示屏(LCD)上。

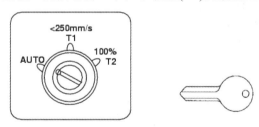

图 1-3　模式选择开关

(1) AUTO：自动模式。

① 操作面板有效。

② 能够通过操作面板的启动按钮或者外围设备的 I/O 信号来启动机器人程序。

③ 安全栅栏信号有效。

④ 机器人能以指定的最大速度运行。

(2) T1：调试模式 1(初学者)。

① 机器人的运行速度不能高于 250 mm/s。

② 安全栅栏信号无效。

③ 程序只能通过示教器(TP)来激活。

(3) T2：调试模式 2(资深工程师)。

① 程序只能通过示教器(TP)来激活。

② 机器人能以指定的最大速度运行。

③ 安全栅栏信号无效。

1.4.3 DEADMAN 开关

DEADMAN 开关相当于一个"使能装置"，如图 1-4 所示。当示教器(TP)有效时，只要按住任意一个 DEADMAN 开关，机器人就可以运动。如果松开或者按紧任意一个 DEADMAN 开关，机器人将立即停止运动。

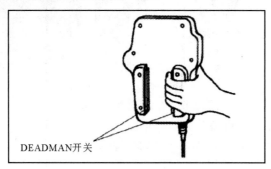

图 1-4   DEADMAN 开关

1.4.4 安全装置

安全装置如图 1-5 所示，主要包括以下几个部分：

(1) 安全栅栏(固定的防护装置)。

(2) 安全门(带互锁装置)。

(3) 安全插销和安全插槽。

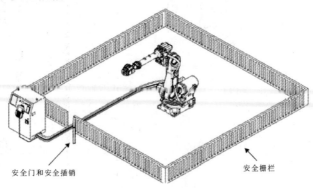

图 1-5   安全装置

1) 安全栅栏的要求

(1) 栅栏必须能抵挡可预见的操作及周围冲击。

(2) 栅栏不能有尖锐的边沿和凸出物，并且它本身不是引起危险的根源。

(3) 栅栏防止人们通过打开互锁设备以外的其他方式进入机器人的保护区域。

(4) 栅栏是永久地固定在一个地方的，只有借助工具才能使其移动。

(5) 栅栏要尽可能地不妨碍查看生产过程。

(6) 栅栏应该安置在与机器人最大运动范围有足够距离的地方。

(7) 栅栏要接地以防止发生意外的触电事故。

2) 安全门和安全插销的要求

(1) 除非安全门关闭，否则机器人不能自动运行。

(2) 安全门未关闭不能重新启动自动运行，这是控制位必须要考虑的动作。

(3) 安全门利用安全插销和插槽来实现互锁。

(4) 为安全考虑，安全插销和安全插槽必须选择合适的物品。

(5) 安全门必须在危险发生前一直保持关闭状态(带保护闸的防护装置)或者在机器人运行时打开安全门就能发送一个停止或急停命令(互锁的防护装置)。

3) 进入栅栏的安全步骤

(1) 停止机器人时，可以通过以下方式进行：

① 按下操作面板或者示教器上的急停按钮。

② 按下 HOLD 键。

③ 使用使能开关使示教盒有效。

④ 打开安全门(拔下安全插销)。

⑤ 使用操作模式钥匙开关来改变模式。

(2) 改变操作模式从 AUTO 至 T1 或者 T2。

(3) 拿走操作模式选择开关上的钥匙来锁定模式。

(4) 从槽 2 中拔出插销 2，打开安全栅栏的门，将插销 2 插入槽 4。

(5) 从槽 1 中拔出插销 1，进入到安全栅栏内，将插销 1 插入槽 3。

1.5 设备操作安全

1.5.1 安全和操作确认

(1) 通电前，需确认以下几个方面：

① 机器人已经安装好并且是稳固的。

② 电的连接是正确的，电源(如电压、频率、干涉水平)在指定范围内。

③ 其他设备连接正确，并在指定范围内。

④ 外部设备连接正确。

⑤ 确定限制区域的极限装置已安装好。

⑥ 使用了安全保护措施。

⑦ 物理环境(如光、噪声级别、温度、湿度、大气污染物等)符合指定要求。

(2) 通电后，需确认以下几个方面：

① 开始、停止和模式选择(包括钥匙锁定开关)等控制设备功能正常。

② 各根轴移动以及极限正常。

③ 紧急停止电路及设备起作用。

④ 可以断开与外部电源的连接。

⑤ 示教和启动设备功能正确。

⑥ 安全装置和互锁功能正常。

⑦ 其他安全设施(如禁止、警告装置)安装到位。

⑧ 减速时，机器人操作正常且能搬运产品或工件。

⑨ 在自动(正常)操作时，机器人操作正常且能够在额定速度和额定负载下执行指定的任务。

1.5.2 编 程

(1) 编程前注意事项。

编程人员必须就实际系统中所使用到的机器人类别接受过相应的培训，并且要熟悉推荐的编程步骤，其中包括所有的安全保护措施。

① 编程人员必须检查机器人系统和安全区域，确保不存在会引起危险情况的外部条件。

② 当有编程要求时，必须先测试示教器确保能够正常操作。

③ 进入安全区域前，任何报警和错误必须消除。

在进入保护区域前，编程人员必须确保所有必需的安全设施已安装到位并处于运行中，且必须将操作模式从 AUTO 改为 T1(或 T2)。

(2) 编程中注意事项。

编程中，只有编程人员允许在保护区域内，并且必须注重以下几点：

① 示教器编程过程中，机器人系统必须由保护区域内的编程者唯一控制(当选择 T1 或 T2 模式时，机器人的运动只可以通过示教器来控制)。

② 示教器编程过程中，查看并区分指令的 Fine 和 CNT 定位类型。

③ 示教器编程过程中，查看并确认 L 和 J 指令的正确使用。

④ 示教器编程过程中，关注速度增量控制，注重速度调整键【+%】、【-%】对动作速度的影响。

⑤ 示教器编程过程中，进行安全路径规划，规划工业机器人机械手的行走路径，有效避免碰撞安全问题。

(3) 自动运行注意事项。

只在以下情况下才允许自动运行：

① 安全设施安装到位且处于运行中。

② 没有人员在保护区域内。

③ 按照合适的安全工作步骤运行。

1.6 项目一：机器人安全认知

1.6.1 项目要求

(1) 了解 FANUC 机器人系统组成。

(2) 熟悉 FANUC 机器人的示教器(TP)。

(3) 掌握 FANUC 机器人急停方法。

1.6.2 实践须知

实操训练过程中应融入安全生产的元素。机器人操作应以"安全第一、预防为主"为原则，严格遵守企业或学校的安全规章制度，熟知作业人员安全、设备安全、设备操作安全等知识。每位参加实践的同学必须佩戴安全帽，不允许戴手套，不允许将身体任何部位置于防护光栅内，在使用工业机器人过程中人的安全永远是第一位的。

(1) 不要强制扳动机器人的轴。

(2) 不要倚靠在机器人的控制柜或其他控制柜上。

(3) 不准在实践空间内喝水或放置水瓶。

(4) 不要随意按动示教器操作键或控制平台上的按键。

1.6.3 项目步骤

(1) 认知机器人的本体。

① 认识工业机器人的型号。

② 认识工业机器人的六关节。

③ 认识工业机器人的法兰盘。

④ 认识工业机器人的工具及安装。

(2) 认知机器人的控制柜。

① 认识工业机器人控制柜的型号。

② 认识控制柜的内部结构。

③ 认识控制柜的正面面板(如模式选择开关、CYC 启动按钮、急停按钮、电源断路器等)。

(3) 认知示教器(TP)。

① 认识示教器(TP)上的主要按键。

② 认识示教器(TP)上的紧急停止按键。

③ 认识示教器(TP)上的 ON/OFF 开关。

④ 认识示教器(TP)上的 DEADMAN 开关。

(4) 认知紧急停止方法。

① 认识控制面板上的急停按钮，按下急停按钮读取示教器报警代码＿＿＿＿＿＿＿＿；

掌握消除此安全报警的方法。

② 认识示教器上的急停按钮，按下急停按钮读取示教器报警代码＿＿＿＿＿＿；掌握消除此安全报警的方法。

③ 认识外部急停按钮，按下急停按钮读取示教器报警代码＿＿＿＿＿＿；掌握消除此安全报警的方法。

(5) 认知 DEADMAN 开关。

感受按下 DEADMAN 开关的力度。DEADMAN 开关在示教器(TP)背部，左右各有一个，每个开关有两个挡位。适当用力按下 DEADMAN 开关，感受两个挡位的位置。松开或用力捏紧 DEADMAN 开关，读取示教器报警代码＿＿＿＿＿＿，掌握消除此安全报警的方法。

(6) 认知安全围栏。

认识围栏互锁装置，拔下安全插销，读取示教器报警代码＿＿＿＿＿＿。插上安全插销，消除安全报警。

1.7　安　全　警　示

从事任务岗位首先都要学习相应岗位的安全操作法规，严格按照法规的要求操作，对安全抱有敬畏之心，忽视安全就会付出血的代价。

事故案例：

2019 年 6 月 6 日凌晨 5 时 29 分，某冶炼厂熔铸工序 307 班锌锭码垛作业线机械臂主操手(小组长)金某在自动码锭机组未停机情况下，从未关闭的隔离栏安全门进入自动码锭机作业区域，在机械臂作业半径内进行场地卫生清扫。

5 时 30 分，金某行走至码锭机取锭位置与机械臂区间时，因顶锭装置接收到水冷链条传输过来的锌锭，信号传输至机械臂，机械臂自动旋转取锭，瞬间将金某推倒在顶锭装置上，锌锭抓取夹具挤压在金某左部胸腔。

锌锭打包工张某立即启动急停开关，并呼叫附近人员一起实施救援，副厂长王某听到呼叫声，立即赶到现场参与救援。王某、张某等人手动控制顶锭装置将其降落复位，并将金某身下压覆的锌锭取出，增大其活动空间，但仍无法将其救出，后使用撬棍抬升机械臂等方式，均未能将金某救出。

熔铸工序 307 班班长杨某赶到现场后，组织人员拆卸机械臂地脚螺栓，用电动单梁吊吊起机械臂，于 5 时 48 分将金某救出，6 时 05 分 120 救护人员赶到现场实施抢救，后送往某县第二人民医院，金某经抢救无效死亡。

金某违反了《机械臂安全环保技术操作规范》Q/YCQXJ3060 新增—2019 中 4.3.5 "严禁在机械臂作业时进入作业区域空间"，以及 5.3.2.3 "机械臂断电后，操作人员方可进入作业半径内"的规定，违章进入自动码锭机机械臂作业半径区域进行清扫作业。

第2章 机器人点动操作

2.1 机器人系统组成

如图 2-1 所示，机器人系统包括机器人本体、控制柜、示教器、视觉及周边设备、控制系统软件。机器人本体通常有四轴、六轴两种机械本体，一般以六轴为主。控制柜主要包括主板、电源单元、六轴电机伺服控制单元、急停单元等。示教器为人机交流设备，显示控制器的状态和数据，并通过视觉及周边设备进行环境感知，机器人编程中的所有操作都由该设备完成。

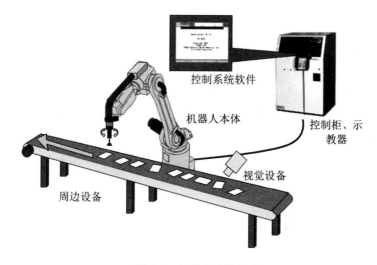

图 2-1 机器人系统组成

2.1.1 机器人本体

六关节机器人本体如图 2-2 所示。机器人本体由基座、腰关节、大臂、肘关节、小臂、腕关节、连接法兰等部位组成。基座主要起支撑作用，一般采用铸铁材料。腰关节是机器人机构中相对固定并承受大应力的基础部件。通常把靠近腰关节的一节叫作大臂，把靠近肘关节的一节叫作小臂，大、小臂均采用精密摆线减速器加推力向心交叉短圆柱滚子轴承。精密摆线减速器减速比大、同轴传动、传动精度高、刚度大、结构紧凑，适用于重载、高速、高精度作业。靠近腕关节的是连接法兰，连接机器人的各种工具，类似人类手腕，其灵活度较高，是机器人的第六关节，转动角度是六关节中最大的，范围可达−360°～360°。

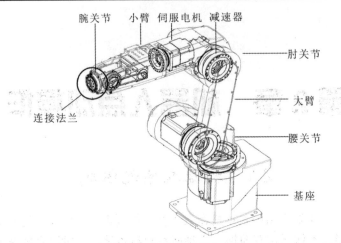

图 2-2　六关节机器人本体

2.1.2　控制柜

　　FANUC 工业机器人一般有三种类型的控制柜：B 型控制柜、A 型控制柜、Mate 型控制柜，如图 2-3 所示。Mate 型控制柜最小，为简配版本，只能装载一个机器人的六轴伺服放大器；A 型控制柜稍大，是 FANUC 工业机器人常用的控制柜，A 型控制柜属经济型，且带有扩展功能，能扩展两个外部轴驱动器；B 型控制柜更大，是 FANUC 工业机器人最强大的控制柜，可以扩展很多功能，且能扩展四个外部轴驱动器，功率、负载也得到了大的提升。

(a) B 型控制柜　　　　　　　(b) A 型控制柜　　　　　　　(c) Mate 型控制柜

图 2-3　控制柜类型

　　R-30iB Mate 控制柜面板如图 2-4 所示。控制柜内所有部件的结合称为控制器，控制器根据机器人的作业指令程序以及从传感器反馈回来的信号支配机器人的执行机构完成规定的运动和功能。控制器可实现对其自身运动的控制，以及周边设备的协调控制。

　　控制器是机器人控制单元，由以下部件组成。

◆ 示教器(Teach Pendant)；　　　　　　◆ 紧急停止单元(E - Stop Unit)；
◆ 操作面板及电路板(Operate Panel)；　◆ 伺服放大器(Servo Amplifier)；
◆ 主板(Main Board)；　　　　　　　　◆ 变压器(Transformer)；
◆ 主板电池(Battery)；　　　　　　　　◆ 风扇单元(Fan Unit)；
◆ I/O 板(I/O Board)；　　　　　　　　◆ 线路断开器(Breaker)；
◆ 电源供给单元(PSU)

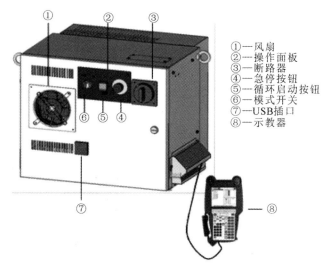

①—风扇
②—操作面板
③—断路器
④—急停按钮
⑤—循环启动按钮
⑥—模式开关
⑦—USB插口
⑧—示教器

图 2-4　R-30iB Mate 控制柜面板

2.1.3　软件系统

　　工业机器人可应用于焊接、搬码、上下料、磨抛、装配等不同的应用领域，由于不同岗位存在工作特性和工艺的差异性，因此需要在不同的工作岗位上配备对应的软件系统。工业机器人软件系统是内嵌在工业机器人控制装置内的各类工业机器人作业专用的软件包。操作人员通过使用示教器选择需要的菜单和指令，可以进行不同种类的作业。软件中有用来控制工业机器人的指令，可以对附加轴、控制装置和其他外围设备(单元控制装置和传感器等)的 I/O 信号进行控制。

　　常用的 FANUC 工业机器人软件如下：

◆ Handling Tool　用于搬运；　　　　◆ Dispense Tool　用于布胶；

◆ Arc Tool　用于弧焊；　　　　　　　◆ Paint Tool　用于油漆；

◆ Spot Tool　用于点焊；　　　　　　　◆ Laser Tool　用于激光焊接和切割

Handling 系统界面如图 2-5 所示。

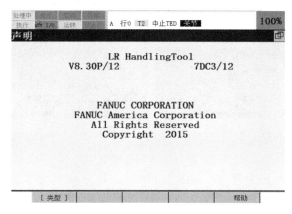

图 2-5　Handling 系统界面

2.2　机器人应用与型号

机器人安装了对应的系统软件和作业工具后，即可投入特定岗位的工作，从而可以替代人从事危险、有害、有毒、低温和高热等恶劣环境中的工作，并让人从繁重、单调的重复劳动中解脱出来。机器人应用场合包括弧焊、点焊、搬运、涂胶、喷漆、去毛刺、切割、激光焊接、测量等，如图 2-6、图 2-7 所示。

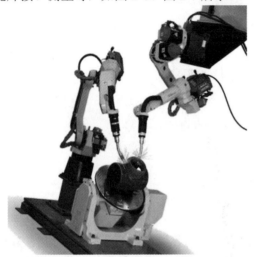

(a) 弧焊

(b) 点焊

图 2-6　弧焊与点焊

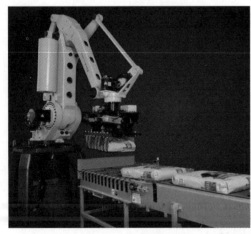

(a) 搬运

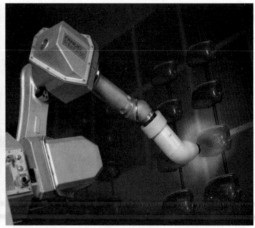

(b) 喷漆

图 2-7　搬运与喷漆

FAUNC 机器人型号种类繁多，如图 2-8 所示，其中 M-1+A 为四关节并联机器人，LR Mate 200 为小型六关节串联机器人，M-10+A 为中型六关节串联机器人，R-2000+C 为大型六关节串联机器人，M-410iC、M-410iB 为专用于码垛的机器人。

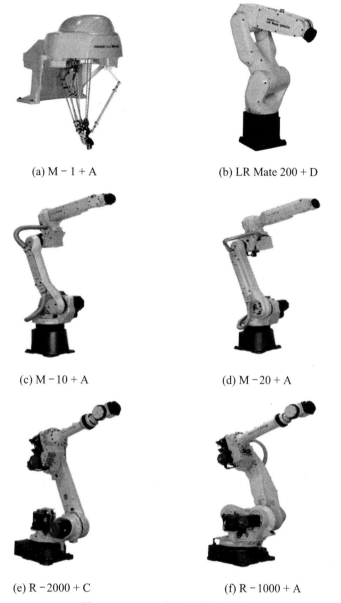

(a) M－1＋A

(b) LR Mate 200＋D

(c) M－10＋A

(d) M－20＋A

(e) R－2000＋C

(f) R－1000＋A

图 2-8 FANUC 机器人常规型号

2.3 编程方式与运动影响因素

机器人编程方式一般分为在线编程、离线编程，如图 2-9 所示。在现场使用示教器直接操作编程称为在线编程，在 PC 上使用 FANUC 的编程软件(ROBOGUIDE)编程称为离线编程。在程序结构简单、程序量少、逻辑简易等情况下，可直接使用在线编程；在程序结构复杂、程序量大、逻辑嵌套较多等情况下，可使用离线编程。通过离线编程软件可模拟测试程序逻辑是否正确、程序结构是否完整，最终将程序下载到控制器中进行点位示教即可。

(a) 在线编程　　　　　　(b) 离线编程

图 2-9　在线编程和离线编程

机器人可根据示教器示教、执行程序中的动作指令这两种途径进行运动。运动中机器人一般会受到坐标系、速度倍率的影响。

示教器示教时：示教坐标系(通过【COORD】键可切换)影响运动方向。速度倍率(通过速度倍率【+%】键、【-%】键控制)影响运动速度，速度倍率值的范围为 VFINE～100%。

执行程序时：动作指令的四要素为动作类型、位置数据、速度单位、定位类型等。在程序执行过程中，运动速度也会受到速度倍率的限制。

2.4　示教器介绍

示教器(以下简称 TP)是一种人机交互设备，如图 2-10、图 2-11 所示。其主要作用是通过点动机器人或编写机器人程序的方式来操纵机器人的移动和规划路径，主要功能包括移动机器人、编写机器人程序、试运行程序、生产运行、查看机器人状态(I/O 设置、位置信息等)、手动运行等。

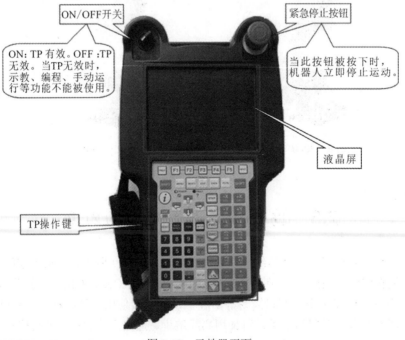

图 2-10　示教器正面

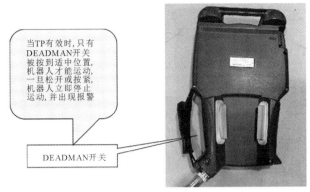

图 2-11 示教器反面

示教器操作键盘是主管应用工具软件与用户间接口的操作装置，经由电缆与控制装置内部的主 CPU 印刷电路板和机器人控制印刷电路板连接。示教器操作键的主要操作有机器人手动进给、程序创建、程序测试执行、操作执行、状态确认等。示教器操作键盘由与菜单相关的按键、与点动相关的按键、与执行相关的按键、与编辑相关的按键和其他按键组成，如图 2-12 所示，按键清单如表 2-1 所示。

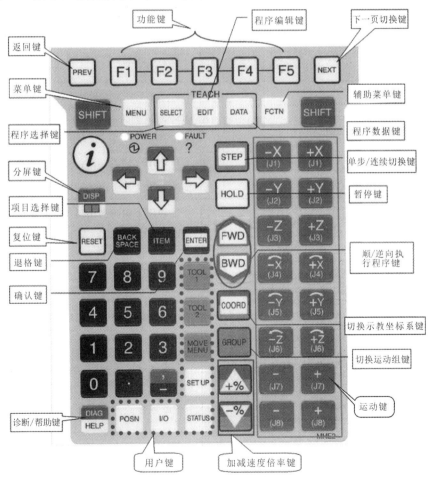

图 2-12 示教器操作键盘按钮一览

表 2-1　示教器按键清单

按　键	描　述
F1 F2 F3 F4 F5	F1~F5 用于选择 TP 屏幕上显示的内容，每个功能键在当前屏幕上有唯一的内容对应
NEXT　NEXT	功能键，用于下一页切换
MENU　MENUS	显示主菜单
SELECT　SELECT	显示程序选择界面
EDIT　EDIT	显示程序编辑界面
DATA　DATA	显示程序数据界面
FCTN　FCTN	显示辅助菜单
DISP　DISP	只存在于彩屏示教器。与 SHIFT 组合可显示 DISPLAY 界面，此界面可改变显示窗口数量；单独使用可切换当前显示窗口
FWD　FWD	与 SHIFT 组合使用可从前往后执行程序，程序执行过程中 SHIFT 键松开程序暂停
BWD　BWD	与 SHIFT 组合使用可反向单步执行程序，程序执行过程中 SHIFT 键松开程序暂停
STEP　STEP	在单步执行和连续执行之间切换
HOLD　HOLD	暂停机器人运动
PREV　PREV	显示上一屏幕
RESET　RESET	消除告警
BACK SPACE　BACK SPACE	清除光标前的字符或者数字

续表

按　键	描　述
ITEM 〔ITEM〕	快速移动光标至指定行
ENTER 〔ENTER〕	确认键
〔光标键图〕	光标键
DIAG / HELP 〔DIAG HELP〕	单独使用显示帮助界面，与 SHIFT 组合显示诊断界面
GROUP 〔GROUP〕	运动组切换
POWER 〔POWER〕	电源指示灯
FAULT 〔? FAULT〕	报警指示灯
SHIFT 〔SHIFT〕	用于点动机器人，可记录位置或执行程序，左右两个按键功能一致
+X(J1) +Y(J2) +Z(J3) +X(J4) +Y(J5) +Z(J6) +(J7) −(J8) −X(J1) −Y(J2) −Z(J3) −X(J4) −Y(J5) −Z(J6) −(J7) +(J8) 运动键	与 SHIFT 组合使用可点动机器人，J7、J8 键用于同一群组内附加轴的点动进给
COORD 〔COORD〕	单独使用可选择点动坐标系，每按一次此键，当前坐标系依次显示 JOINT、JGFRM、WORLD、TOOL、USER；与 SHIFT 组合使用可改变当前 TOOL、JOG、USER 坐标系号
〔+%〕〔−%〕	加减速度倍率键
〔i 图标〕	与 MENU、DATA、EDIT、POSN、FCTN、DISP 等按钮同时按下，可显示相应的图标界面

1. MENU(主菜单)

【MENU】键为系统的主菜单键，可查看报警信息、I/O 信息，设置坐标系，查看数据和状态等。按下【MENU】键显示出的菜单画面如图 2-13 所示,其功能介绍如表 2-2 所示。

图 2-13　【MENU】键菜单

表 2-2　主菜单【MENU】键功能介绍

项　目	功　能
UTILITIES(实用工具)	显示提示
TEST CYCLE(试运行)	为测试操作指定数据
MANUAL FCTNS(手动操作)	执行宏指令
ALARM(报警)	显示报警历史和详细信息
I/O(设定输入、输出信号)	显示信号状态和手动分配信号
SETUP(设置)	设置系统功能
FILE(文件)	读取或存储文件
USER(用户)	显示用户信息
SELECT(一览)	列出和创建程序
EDIT(编辑)	编辑和执行程序
DATA(数据)	显示寄存器、位置寄存器和堆码寄存器的值
STATUS(状态)	显示系统状态
4D GRAPHICS(4D 图形)	显示机器人当前的位置及 4D 图形
SYSTEM(系统)	设置系统变量,零点复归
USER2(用户 2)	显示 KAREL 程序输出信息
BROWSER(浏览器)	浏览网页,只对+Pendant 有效

2. FCTN(辅助菜单)

【FCTN】键为系统的辅助菜单键,可中止未执行完的程序,进行画面切换或重新启动等。按下【FCTN】键,显示出的菜单画面如图 2-14 所示,其功能介绍如表 2-3 所示。

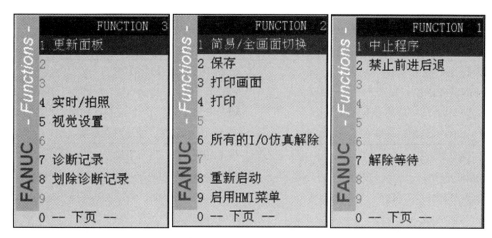

图 2-14 【FCTN】键菜单

表 2-3 辅助菜单【FCTN】键功能介绍

项 目	功 能
ABORT ALL(中止程序)	强制中断正在执行或暂停的程序
DISABLE FWD/BWD(禁止前进后退)	手动执行程序时，选择 FWD、BWD 按键功能是否有效
TOG SUB GROUP	在机器人标准轴和附加轴之间选择示教对象
RELEASE WAIT(解除等待)	跳过正在执行的等待语句。当等待语句被释放时，执行中的程序立即被暂停在下一个语句处等待。
QUICK/FULL MENUS(简易/全画面切换)	在简易菜单和完整菜单之间选择
SAVE(保存)	保存当前屏幕中相关的数据到软盘或存储卡中
PRINT SCREEN(打印画面)	原样打印当前屏幕的显示内容
PRINT(打印)	用于程序系统变量的打印
UNSIM ALL I/O(所有的 I/O 仿真解除)	取消所有 I/O 信号的仿真设置
CYCLE POWER(重新启动)	重新启动控制柜(POWER ON/OFF)
ENABLE HMI MENUS(启用 HMI 菜单)	用来选择当按住 MENUS 键时,是否需要显示 HMI 菜单

3. SPEED

用户在示教机器人轨迹时，往往需要不断地调节机器人的速度倍率，这时就需要不断地按速度倍率调节键(速度倍率【+%】键和速度倍率【-%】键)来调节机器人的运动速度。并且当前的速度倍率可以在示教器屏幕的右上角显示，当速度倍率为 100%时，机器人以最快的速度运动。速度倍率有两种调节方法：一种是单独使用【+%】键或【-%】键，该模式整体上倍率较小；另一种是使用【SHIFT】+【+%】或【-%】键，该模式整体上倍率较大。速度倍率设置方法如表 2-4 所示。

表 2-4　速度倍率设置方法

方法一	方法二
按【+%】键 VFINE→FINE→1%···→5%···→100% 1%到 5%之间，每按一下，增加 1% 5%到 100%之间，每按一下，增加 5%	按【SHIFT】+【+%】键 VFINE→FINE→5%→(25%)→50%→100% VFINE 到 5%之间，经过两次递增 5%到 100%之间，经过两次递增
按【-%】键 100%···→5%···→1%→FINE →VFINE 5%到 1%之间，每按一下，减少 1% 100%到 5%之间，每按一下，减少 5%	按【SHIFT】+【-%】键 100%→50%→(25%)→5%→FINE→VFINE 5%到 VFINE 之间，经过两次递减 100%到 5%之间，经过两次递减

2.5　点动机器人

2.5.1　点动机器人的条件

如图 2-15 所示，在以下条件都满足的情况下，按下【SHIFT】键＋任意一个运动键，就可以点动工业机器人了。

(1) 当坐标系为"关节坐标"时，进行机器人各轴的独立动作。按下【SHIFT】键+运动键，此时运动键下层的键名有效，对应机器人六个关节(J1~J6)，各关节能够独立控制并以"正""负"方向做旋转动作。

(2) 当坐标系为"关节坐标"以外时，沿着选择的坐标系进行机器人轴向动作。按下【SHIFT】键＋运动键，此时运动键上层的键名有效，机器人末端执行器沿着坐标系轴"正"或"负"方向做直线动作。

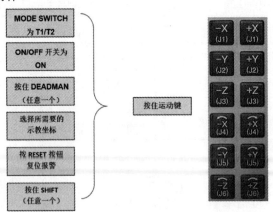

图 2-15　点动机器人的条件示意图

2.5.2　坐标系介绍

通过【COORD】键选择合适的坐标：JOINT(关节坐标)、JGFRM(手动坐标)、WORLD(世界坐标)、TOOL(工具坐标)、USER(用户坐标)。坐标系的分类如图 2-16 所示。

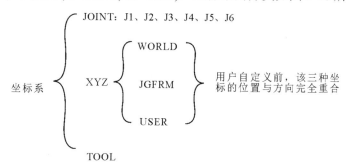

图 2-16　坐标系的分类

JOINT(关节坐标)可使工业机器人进行轴坐标运行，可分别对 J1、J2、J3、J4、J5、J6 进行旋转。在用户自定义前 JGFRM(手动坐标)、WORLD(世界坐标)、USER(用户坐标)这三种坐标的位置与方向完全重合。TOOL(工具坐标)为工业机器人的工具坐标系，坐标原点在法兰盘圆心。

1. 关节坐标系

关节坐标系是设定在机器人关节中的坐标系，关节坐标系中机器人的位置姿态是以机器人各关节底座侧为基准而确定的。垂直于底座的轴称为 J1 轴，之后依次分别为 J2、J3、J4、J5、J6 轴。各轴旋转的正负方向如图 2-17 所示。使机器人向前、向右、向上移动趋势的方向为正方向，反之为负方向。

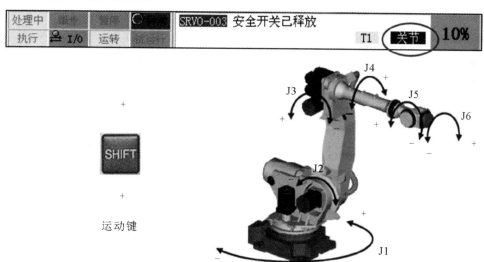

图 2-17　关节坐标系各轴旋转的正负方向

2. 世界坐标系

世界坐标系是固定在空间中的坐标系，其被固定在机器人事先确定的位置，用于位置数据的示教及执行。用户坐标系、手动坐标系都是基于该坐标系而设定的。J1 轴轴线与 J2 轴轴线所在面的交点为世界坐标系的原点，Z 轴正方向垂直于安装面向上，X 轴正方向向前。世界坐标系如图 2-18 所示，可采用右手定则来判断其方向：

(1) 手拿示教器站在工业机器人正前方。

(2) 面向工业机器人，举起右手于视线正前方摆手势。

(3) 由此可得：中指所指方向即为全局坐标 +X，拇指所指方向即为全局坐标 +Y，食指所指方向即为全局坐标 +Z。

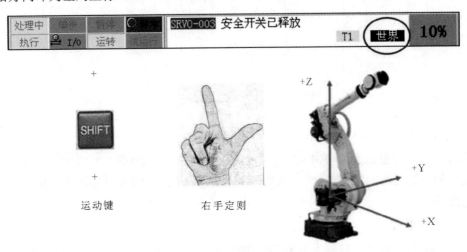

图 2-18　世界坐标系

3. 工具坐标系

工具坐标系是用来定义工具中心点(Tool Center Point，TCP)的位置以及工具姿态的坐标系。工具坐标系需要在编程前进行定义，若未设定，则使用系统默认的工具坐标系。默认工具坐标系以末端法兰盘中心为原点，当 J1、J2、J3、J4、J5、J6 都是 0° 时，X 轴正方向沿法兰盘向上，Z 轴垂直于法兰盘朝前。在正式编写程序前可针对使用工具的尺寸、形状的不同设定对应的工具坐标系，工具坐标系最多可以设置 10 个(TOOL1～TOOL10)。工具坐标系如图 2-19 所示。

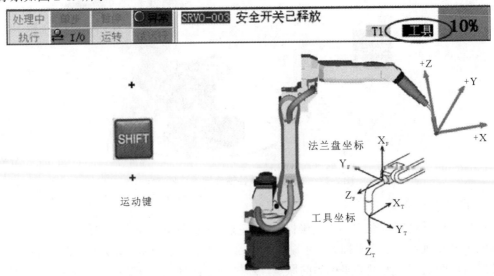

图 2-19　工具坐标系

4. 用户坐标系

用户坐标系就是用户对每个作业空间进行定义的直角坐标系，它用于位置寄存器的示教、执行和位置补偿(OFFSET)指令的执行等。未定义时，可使用系统默认的用户坐标系USER0，USER0的位置与方向与世界坐标系完全重合。在正式编写程序前可针对工件姿态的不同设定对应的用户坐标系，用户坐标系最多可以设置 9 个(USER1~USER9)。用户坐标系如图 2-20 所示。

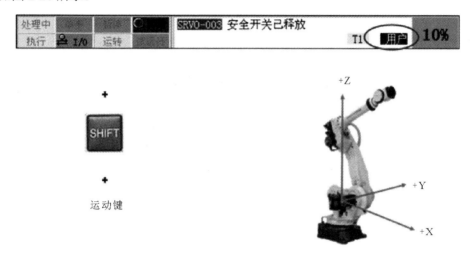

图 2-20　用户坐标系

2.5.3　位置状态

POSITION 屏幕以关节坐标系或直角坐标系值显示位置信息。屏幕上的位置信息随机器人的运动动态更新。该位置信息只能显示不能被手动修改。如果系统中安装了扩展轴，就会增加 E1、E2 以及 E3 扩展轴的位置信息。

按【POSN】+F2【JNT】(关节)键，可看到如图 2-21 所示的类似屏幕，位置数据窗口由(J1、J2、J3、J4、J5、J6)六个关节角度数据组成。

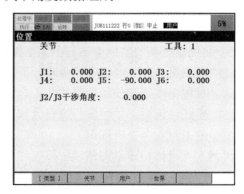

图 2-21　【POSN】键、关节坐标系位置数据窗口

按【POSN】+ 按 F3【USER】(用户)键，或者【POSN】+F4【WORLD】(世界)键，可看到如图 2-22 所示的类似屏幕，其位置数据窗口由(X、Y、Z、W、P、R)六个数据组成，

其中(X、Y、Z)显示的是各轴向尺寸，(W、P、R)显示的是绕各轴的旋转角度。

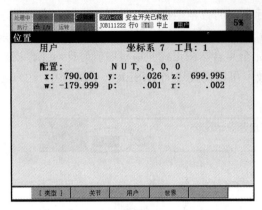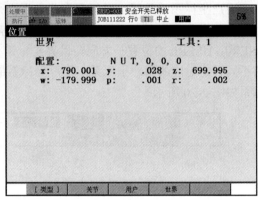

(a)【POSN】键、用户坐标系位置数据窗口　　　(b)【POSN】键、世界坐标系位置数据窗口

图 2-22　【POSN】键、用户坐标系与世界坐标系位置数据窗口

2.6　项目二：学会点动机器人

2.6.1　项目要求

(1) 熟悉 FANUC 机器人的操作面板、菜单。

(2) 熟悉 FANUC 机器人的 TP 操作方法。

(3) 熟悉 FANUC 机器人的下列坐标：JOINT 坐标、WORLD/JGFRM 坐标、TOOL 坐标。

2.6.2　实践须知

实操训练过程中应融入爱岗敬业的元素。爱岗敬业是一种可贵的职业道德精神和品质，是人们对自己所从事职业的高度忠诚、热爱和负责的综合化表现。针对实训室在课后的管理、卫生、安全等方面的问题，学生需要保持实训室环境的整洁有序，严禁将食物、饮料带入实训室，实现实训室环境学生协同管理。学生需要自觉爱护实验设备与设施，自觉维护实验室环境与卫生，协助做好实验室的整洁与卫生工作，为自己和他人创建良好的环境，潜移默化地培养自己的职业素养，并能自觉养成践行工厂环境 5S 要求的习惯。

学生在机器人调试过程中要正确使用增量模式，合理添加运动过程中的过渡点，提高机器人运行的安全性。实践结束后，学生需将机器人调回原点位置，将工具、工件、示教器归位，培养谨小慎微的工业安全生产意识。

情境设置：以机器人为载体构建学习情境，以工作过程构建学习领域，将知识体系转变为行动体系，在情境(点动机器人)中构建关节坐标系点动、世界坐标系点动、工具坐标系点动和用户坐标系点动的学习领域(如图 2-23 所示)。体验不同坐标系下的运动特点，熟练掌控机器人的运动方向。培训学生要手眼协调，以及要有胆大心细、精益求精的工作品质与态度。

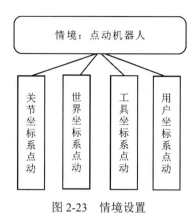

图 2-23　情境设置

2.6.3　项目步骤

(1) 开机并将 TP 开关置于 ON 挡。

(2) 熟悉速度倍率键的使用。

① 按 🔼 🔽，观察数据变化过程。

② 按【SHIFT】键及 🔼 🔽，观察数据变化过程。

(3) 按住 DEADMAN 开关(注意：按的位置要适中)，再按【RESET】键消除报警，以实现在关节坐标系、世界坐标系、工具坐标系中点动移动机器人。在操作过程中，请不要松开 DEADMAN 开关。

(4) 熟悉机器人关节坐标系。

① 按【COORD】键，使示教坐标系为关节坐标系。

② 按【Posn】— F2【关节】键，调整机器人当前的位置数据，使其与图 2-24 所示数据一致。

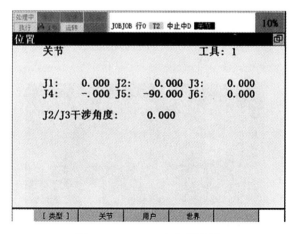

图 2-24　HOME 点位置数据

③ 按住【SHIFT】键及 🔲 🔲，观察机器人的姿态变化。

④ 按照以上操作，通过按各轴运动键分别对 J2、J3、J4、J5、J6 进行操作，观察机器人的姿态变化，如图 2-25 所示。

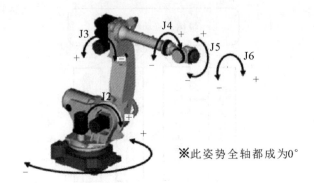

图 2-25　关节坐标系下的机器人

(5) 熟悉机器人世界坐标系或手动坐标系。

① 按【COORD】键，使坐标显示为 WORLD 或 JGFRM。

② 按【POSN】—【世界】键，显示机器人的执行点在世界坐标下的位置数据，如图 2-26 所示。

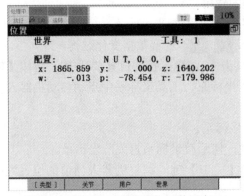

图 2-26　世界坐标系下的位置数据窗口

③ 按住【SHIFT】键及 -X +X，观察屏幕上的数据及机器人的姿态变化。

④ 重复以上操作，参考图 2-27，按下不同的运动键，观察屏幕上的数据以及机器人的位置与姿态变化。

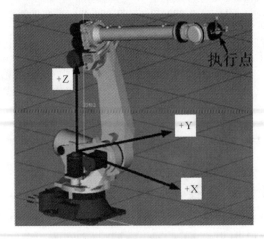

图 2-27　世界坐标系下的机器人

(6) 熟悉工具坐标系。

① 按【COORD】键，切换成工具坐标系。

② 按住【SHIFT】键及各运动键，观察机器人的动作以及机器人的运动方向。

③ 按【COORD】键，切换成关节坐标系，把机器人的轴位置调整为 J5 = -90.000，其他轴位置调整为 0.000。

(7) 点动机器人，将其恢复至 HOME 位置，即：

$$J1 = 0.000, \quad J2 = 00.000, \quad J3 = 00.000$$
$$J4 = 0.000, \quad J5 = -90.000, \quad J6 = 00.000$$

(8) 掌握画面中报警信息的含义及消除方法。

① SRVO-001：操作面板紧急停止。

② SRVO-002：示教器紧急停止。

③ SRVO-003：安全开关已释放。

(9) 用同样的步骤测试工具坐标系和用户坐标系的运动方向，体会两者之间的区别。

(10) 整理并清洁卫生。

2.7 科普小课堂

振奋人心、充满期待——中国空间站机械臂

我国空间站核心舱的机械臂在 2022 年 01 月 06 日凌晨时分，成功捕获天舟二号货运飞船，在确认捕获货运飞船后，机械臂转位试验正式启动。货运飞船与核心舱脱离后，在机械臂的控制下，以核心舱为圆心进行位移，之后机械臂又反向操作，协助货运飞船与核心舱进行对接。机械臂(如图 2-28、图 2-29 所示)的最大承载能力为 25 吨。

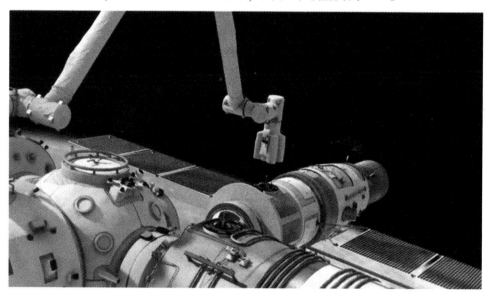

图 2-28 我国空间站机械臂(1)

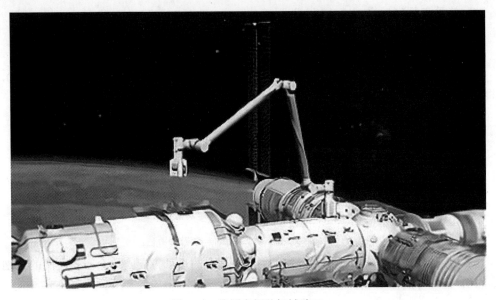

图 2-29　我国空间站机械臂(2)

　　航天领域的发展离不开各领域最尖端的科学技术。未来我国航空航天领域技术的发展将不断继续加快，争取早日完成探索宇宙的伟大目标。

第3章 坐标系设置

3.1 研究坐标系的意义

3.1.1 研究对象和参考对象

运动学中，在研究物体的运动过程时，需要选定参考对象和研究对象。

从机器人不同的应用领域来看，机器人大多是拿着工具(焊枪、手爪等)在工作台上固定的点位加工工件。我们习惯性地取静止的物体为参考对象，运动的物体为研究对象。因此，这里我们取工具为研究对象，工作台为参考对象。为此，需引入工具坐标系和用户坐标系，如图 3-1 所示。

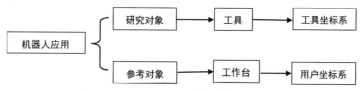

图 3-1　机器人与工具和工作台的关系

每种坐标系都有各自的作用，很多函数指令都要用到坐标系，以方便记录机器人的相对位置。

3.1.2 工具坐标系的作用

1. 默认的工具坐标系

我们将法兰盘中心定义为工具坐标系的原点，法兰盘中心指向法兰盘定位孔方向定义为+ X 方向，垂直于法兰盘向外为+ Z 方向，最后根据右手螺旋定则即可判定 +Y 方向。默认的工具坐标系如图 3-2 所示，法兰盘如图 3-3 所示。

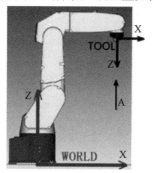

图 3-2　默认的工具坐标系

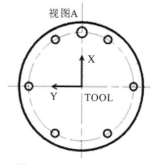

图 3-3　A 向视图法兰盘

2. TCP

通常机器人的轨迹及速度是指工具中心点(Tool Center Point，TCP)的轨迹和速度。TCP一般设置在手爪中心、焊丝端部、点焊静臂前端等位置。

工具坐标系 TCP 如图 3-4 所示，那么如何才能将图中的手爪姿态和位置调整合适？

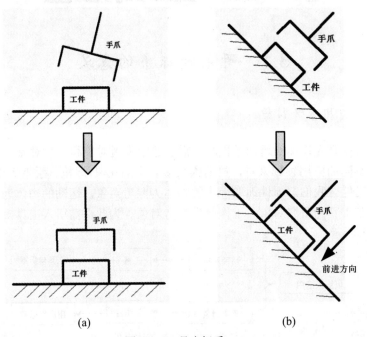

(a)　　　　　　　　　　　　　(b)

图 3-4　工具坐标系 TCP

由图(a)推测：如果图中有一个手爪旋转中心点，那么使手爪直接绕着这个旋转点旋转即可。

由图(b)推测：如果图中有一个手爪的前进方向，那么直接移动过去就可以了。

结论：建立工具坐标系的作用是确定工具的 TCP，方便调整工具姿态。确定工具进给方向，方便工具位置调整。

3. 工具坐标系的特点

新工具坐标系是相对于默认工具坐标系变化得到的，新工具坐标系的位置和方向始终同法兰盘保持绝对的位置和姿态关系，但在空间上是一直变化的，如图 3-5 所示。

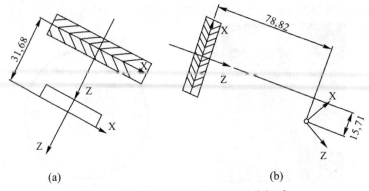

(a)　　　　　　　　　　　　　(b)

图 3-5　新工具坐标系与默认工具坐标系

建立新工具坐标系的好处：

(1) 在做机器人重定位旋转时，可以很方便地使机器人绕着所定义的点做空间旋转，从而把机器人调整到需要的姿态。

(2) 更换工具时，只要按照第一个工具做 TCP 的方法重新做新的 TCP，即可不需要重新示教机器人轨迹，从而很方便地实现轨迹的纠正。

3.1.3 用户坐标系的作用

默认的用户坐标系 USER0 和 WORLD 坐标系重合。新用户坐标系都是基于默认用户坐标系变化得到的。

前面已经知道用户坐标系是运动中的一个参考对象，但是它在实际调试过程中，又起到了什么作用呢？如图 3-6、图 3-7 所示，五个工件放置在工作台上，机器人该如何快速完成每个工件抓取点位的调试？

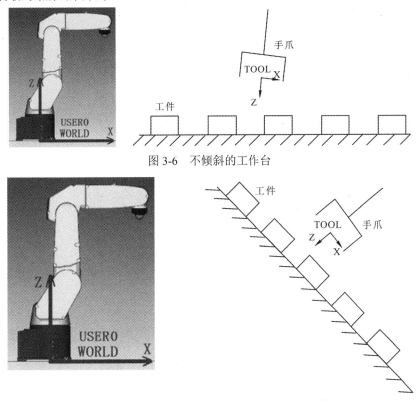

图 3-6　不倾斜的工作台

图 3-7　倾斜的工作台

由图 3-6 推测：不管使用的是默认的用户坐标系 USER0 还是 WORLD 坐标系，都可以顺利地完成点位的调试。

由图 3-7 推测：如果使用默认的用户坐标系 USER0 或者 WORLD 坐标系，则很难对每个工件位置进行调试；但如果存在某个坐标系的 X、Y 方向正好平行于工作台面，那就方便多了。

结论：确定参考坐标系，继而确定工作台上的运动方向，方便调试。

建立用户坐标系的好处：

(1) 方便在机器人运行时，按照所建立的坐标系的方向做线性运动，而不拘泥于系统提供的关节坐标系和世界坐标系这几种固定的坐标系。

(2) 当工作台面与机器人之间的位置发生相对移动时，只需要更新用户坐标系，即无须重新示教机器人轨迹，就可以方便地实现轨迹的纠正。

3.2　工具坐标系

工具坐标系需要在编程前先行设定。如果未定义工具坐标系，将使用默认工具坐标系。用户最多可以设置 10 个工具坐标系，一般一个工具对应一个工具坐标系。

设置工具坐标系的方法有三点法、六点法和直接输入法。

3.2.1　三点法设置

三点法设置的步骤如下：

(1) 依次按键操作：【MENU】(菜单)—【SETUP】(设置)—F1【TYPE】(类型)—【Frames】(坐标系)进入坐标系设置界面，如图 3-8 所示。

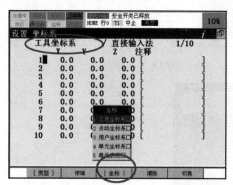

图 3-8　坐标系设置界面

(2) 按 F3【OTHER】(坐标)键选择【Tool Frame】(工具坐标系)，进入工具坐标系设置界面，如图 3-9 所示。

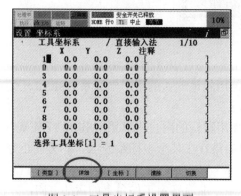

图 3-9　工具坐标系设置界面

(3) 移动光标到所需设置的工具坐标系编号处，按 F2【DETAIL】(详细)键进入详细界面，如图 3-10 所示。

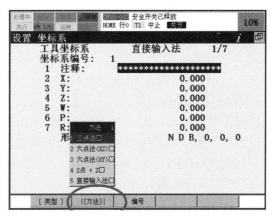

图 3-10　工具坐标系详细界面

(4) 按 F2【METHOD】(方法)键，移动光标，选择所用的设置方法【Three Point】(三点法)，按【ENTER】(回车)键确认，进入如图 3-11 所示画面。每个接近点分三步设置：① 调姿态；② 点对点；③ 记录，如图 3-12 所示。

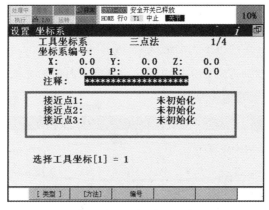

图 3-11　工具坐标系三点法界面

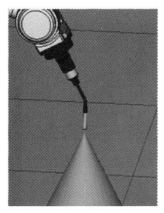

(a) 接近点 1

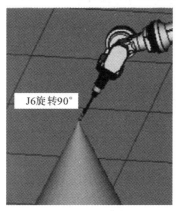

(b) 接近点 2

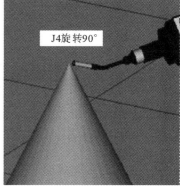

(c) 接近点 3

图 3-12　接近点姿态(三点法)

(5) 记录接近点 1。

① 移动光标到接近点 1(Approach point 1)。

② 把示教坐标系切换成世界坐标系，移动机器人，使工具尖端接触到基准点。

③ 按【SHIFT】+ F5【RECORD】(记录)键记录。

(6) 记录接近点 2。

① 沿世界坐标系的 +Z 方向移动机器人 50 mm 左右。

② 移动光标到接近点 2(Approach point 2)。

③ 把示教坐标系切换成关节坐标系，旋转 J6 轴(法兰面)至少 90°(不要超过 180°)。

④ 把示教坐标系切换成世界坐标系，移动机器人，使工具尖端接触到基准点。

⑤ 按【SHIFT】+ F5【RECORD】(记录)键记录。

⑥ 沿世界坐标系的 +Z 方向移动机器人 50 mm 左右。

(7) 记录接近点 3。

① 移动光标到接近点 3(Approach point 3)。

② 把示教坐标系切换成关节坐标系，旋转 J4 轴和 J5 轴(不要超过 90°)。

③ 把示教坐标系切换成世界坐标系，移动机器人，使工具尖端接触到基准点。

④ 按【SHIFT】+ F5【RECORD】(记录)键记录。

⑤ 沿世界坐标系的 +Z 方向移动机器人 50 mm 左右。

(8) 当三个接近点记录完成后，新的工具坐标系可自动生成。X、Y、Z 的值代表当前设置的 TCP 相对于 J6 轴法兰盘中心的偏移量；W、P、R 的值为 0，即三点法只平移了整个工具坐标系，并不改变其方向。采用三点法设置的工具坐标系数据如图 3-13 所示。

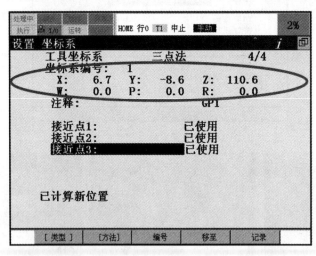

图 3-13 采用三点法设置的工具坐标系数据

3.2.2 六点法设置

六点法设置的步骤如下：

(1) 依次按键操作：【MENU】(菜单)—【SETUP】(设置)—F1【TYPE】(类型)—【Frames】(坐标系)进入坐标系设置界面，如图 3-8 所示。

(2) 按 F3【OTHER】(坐标)键选择【Tool Frame】(工具坐标系)，进入工具坐标系设置界面，如图 3-9 所示。

(3) 移动光标到所需设置的工具坐标系编号上，按 F2【DETAIL】(详细)键进入如图 3-14 所示画面。

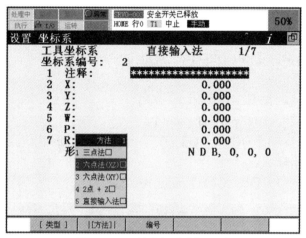

图 3-14　工具坐标系详细界面

(4) 按 F2【METHOD】(方法)键选择所用的设置方法【Six Point(XZ)】(六点法(XZ))，进入如图 3-15 所示画面。

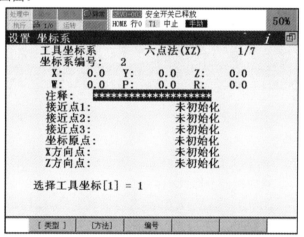

图 3-15　工具坐标系六点法界面

(5) 记录接近点 1。

① 移动光标到接近点 1(Approach point 1)。

② 移动机器人使工具尖端接触到基准点，并使工具轴平行于世界坐标系轴。

③ 按【SHIFT】+ F5【RECORD】(记录)键记录。

(6) 记录接近点 2。

① 沿世界坐标系的 +Z 方向移动机器人 50 mm 左右。

② 移动光标到接近点 2(Approach point 2)。

③ 把示教坐标系切换成关节坐标系，旋转 J6 轴(法兰面)至少 90°(不要超过 180°)。

④ 把示教坐标系切换成世界坐标系，移动机器人，使工具尖端接触到基准点。

⑤ 按【SHIFT】+ F5【RECORD】(记录)键记录。

⑥ 沿世界坐标系的 +Z 方向移动机器人 50 mm 左右。

(7) 记录接近点 3。

① 移动光标到接近点 3(Approach point 3)。

② 把示教坐标系切换成关节坐标系，旋转 J4 轴和 J5 轴(不要超过 90°)。

③ 把示教坐标系切换成世界坐标系，移动机器人，使工具尖端接触到基准点。

④ 按【SHIFT】+ F5【RECORD】(记录)键记录。

⑤ 沿世界坐标系的 +Z 方向移动机器人 50 mm 左右。

(8) 记录坐标原点，如图 3-16 所示。

① 移动光标到接近点 1(Approach point 1)。

② 按【SHIFT】+ F4【MOVE_TO】(移至)键使机器人回到接近点 1。

③ 移动光标到坐标原点。

④ 按【SHIFT】+ F5【RECORD】(记录)键记录。

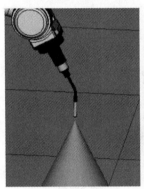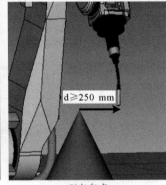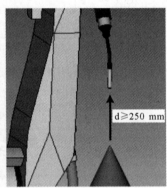

坐标原点　　　　　　　　　　X方向点　　　　　　　　　　Z方向点

图 3-16　六点法后三点

(9) 定义 +X 方向点。

① 移动光标到 X 方向点(X Direction Point)。

② 把示教坐标系切换成世界坐标系。

③ 移动机器人，使工具沿所需要设定的 +X 方向至少移动 250 mm。

④ 按【SHIFT】+ F5【RECORD】(记录)键记录。

(10) 定义 +Z 方向点。

① 移动光标到坐标原点。

② 按【SHIFT】+ F4【MOVE_TO】(移至)键使机器人恢复到坐标原点。

③ 移动光标到 Z 方向点(Z Direction Point)。

④ 移动机器人，使工具沿所需要设定的 +Z 方向(以世界坐标系的方式)至少移动 250 mm。

⑤ 按【SHIFT】+ F5【RECORD】(记录)键记录。

(11) 当六个点记录完成后，新的工具坐标系可自动生成。X、Y、Z 的值代表当前设置的 TCP 相对于 J6 轴法兰盘中心的偏移量；W、P、R 的值代表当前设置的工具坐标系与默认工具坐标系的旋转量。采用六点法设置的工具坐标系数据如图 3-17 所示。

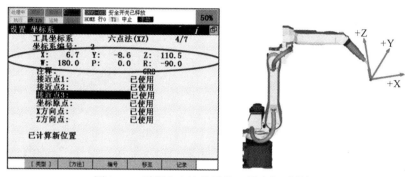

图 3-17　采用六点法设置的工具坐标系数据

3.2.3　直接输入法设置

直接输入法设置的步骤如下：

(1) 依次按键操作：MENU(菜单) —【SETUP】(设置) — F1【TYPE】(类型) —【Frames】(坐标系)进入坐标系设置界面，如图 3-8 所示。

(2) 按 F3【OTHER】(坐标)键选择【Tool Frame】(工具坐标系)，进入工具坐标系的设置界面，如图 3-18 所示。

(3) 移动光标到所需设置的工具坐标系编号上，按 F2【DETAIL】(详细)键进入详细界面，如图 3-19 所示。

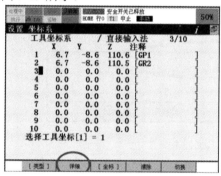

图 3-18　工具坐标系设置界面

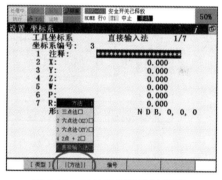

图 3-19　工具坐标系详细界面

(4) 按 F2【METHOD】(方法)键，移动光标，选择所用的设置方法【Direct Entry】(直接输入法)，按【ENTER】(回车)键确认，进入如图 3-20 所示画面。

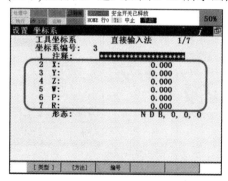

图 3-20　工具坐标系直接输入法界面

(5) 移动光标到相应的项,用数字键输入值,按【ENTER】(回车)键确认。重复此步骤,完成所有项的输入。

3.2.4　激活工具坐标系

方法一:

(1) 按【PREV】(前一页)键回到如图 3-21 所示画面。

(2) 按 F5【SETIND】(切换)键,屏幕中出现"输入坐标系编号:",如图 3-22 所示。

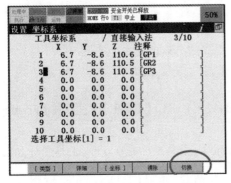 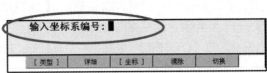

图 3-21　重新回到的工具坐标系设置界面　　　图 3-22　"输入坐标系编号"界面

(3) 用数字键输入所需激活的工具坐标系编号,如图 3-23 所示,按【ENTER】(回车)键确认后,屏幕中将显示被激活的工具坐标系编号,即当前有效的工具坐标系编号。

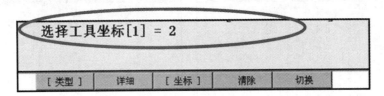

图 3-23　输入工具坐标系编号

方法二:

(1) 按【SHIFT】+【COORD】键,示教器屏幕右上角弹出如图 3-24 所示对话框。

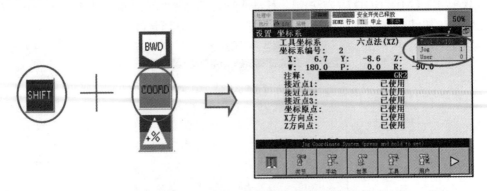

图 3-24　按【SHIFT】+【COORD】键弹出的工具坐标系对话框

(2) 移动光标到 TOOL(工具)行,用数字键输入所要激活的工具坐标系编号。

3.2.5 检验工具坐标系

1. 检验 X、Y、Z 方向

(1) 将机器人的示教坐标系通过【COORD】键切换成工具坐标系，此时使用的工具坐标系为前述激活的工具坐标系，如图 3-25 所示。

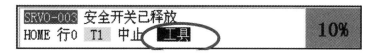

图 3-25 切换工具坐标系

(2) 按【SHIFT】键 + 运动键 1(如图 3-26 所示)，示教机器人分别沿 X、Y、Z 方向运动，检查工具坐标系的方向设定是否符合要求。

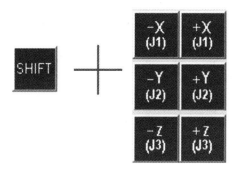

图 3-26 【SHIFT】键 + 运动键 1

2. 检验 TCP 位置

(1) 将机器人的示教坐标系通过【COORD】键切换成世界坐标系，如图 3-27 所示。

图 3-27 切换世界坐标系

(2) 移动机器人对准基准点，按【SHIFT】键 + 运动键 2(如图 3-28 所示)，示教机器人绕 X、Y、Z 轴旋转。检查 TCP 的位置是否符合要求，即机器人是否绕 TCP 旋转。

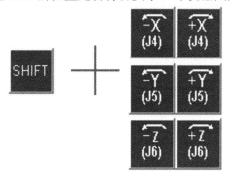

图 3-28 【SHIFT】键 + 运动键 2

3.3　用户坐标系

用户坐标系是用户对每个作业空间进行定义的笛卡儿坐标系，系统除自带 1 个用户坐标系 USER0 外，还可以设置 9 个用户坐标系。

用户坐标系的设置方法有三点法、四点法和直接输入法。

3.3.1　三点法设置

三点法设置的步骤如下：

(1) 依次按键操作：【MENU】(菜单) —【SETUP】(设置) — F1【TYPE】(类型) —【Frames】(坐标系)进入坐标系设置界面，如图 3-29 所示。

(2) 按 F3【OTHER】(坐标)键选择【User Frame】(用户坐标系)，进入用户坐标系设置界面，如图 3-30 所示。

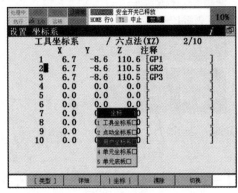

图 3-29　坐标系设置界面　　　　　　　　　图 3-30　用户坐标系设置界面

(3) 移动光标至所需设置的用户坐标系编号处，按 F2【DETAIL】(详细)键进入详细界面，如图 3-31 所示。

(4) 按 F2【METHOD】(方法)键，移动光标，选择所用的设置方法【Three Point】(三点法)，按【ENTER】(回车)键确认，进入具体设置界面，如图 3-32 所示。

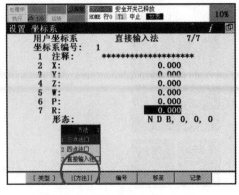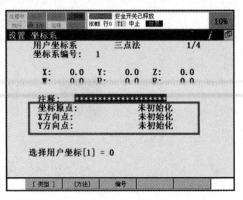

图 3-31　用户坐标系详细界面　　　　　　　　图 3-32　用户坐标系三点法设置界面

(5) 记录 Orient Origin Point(坐标原点)。

① 光标移至 Orient Origin Point(坐标原点)，按【SHIFT】+ F5【RECORD】(记录)键记录。

② 记录完成后，UNINIT(未初始化)变为 RECORDED(已记录)。

(6) 将机器人的示教坐标系切换成世界坐标系。

(7) 记录 X 方向点。

① 示教机器人沿世界坐标系的 +X 方向至少移动 250 mm。

② 移动光标到 X Direction Point(X 轴方向)行，按【SHIFT】+ F5【RECORD】(记录)键记录。

③ 记录完成后，UNINIT(未初始化)变为 RECORDED(已记录)。

④ 移动光标到 Orient Origin Point(坐标原点)。

⑤ 按【SHIFT】+【F4 MOVE_TO】(移至)键使示教点回到 Orient Origin Point(坐标原点)。

(8) 记录 Y 方向点。

① 示教机器人沿世界坐标系的 +Y 方向至少移动 250 mm。

② 移动光标到 Y Direction Point(Y 轴方向)行，按【SHIFT】+ F5【RECORD】(记录)键记录。

③ 记录完成后，UNINIT(未初始化)变为 USED(已使用)。

④ 移动光标到 Orient Origin Point(坐标原点)。

⑤ 按【SHIFT】+【F4 MOVE_TO】(移至)键使示教点回到 Orient Origin Point(坐标原点)。

(9) 记录了所有点后，相应的用户坐标系数据生成。X、Y、Z 的值代表当前设置的用户坐标系的原点相对于世界坐标系原点的偏移量，W、P、R 的值代表当前设置的用户坐标系相对于世界坐标系的旋转量，用户坐标系数据如图 3-33 所示。

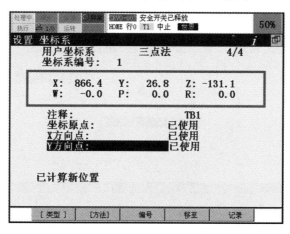

图 3-33　采用三点法设置的用户坐标系数据

3.3.2　激活用户坐标系

方法一：

(1) 按【PREV】(前一页)键回到如图 3-34 所示画面。

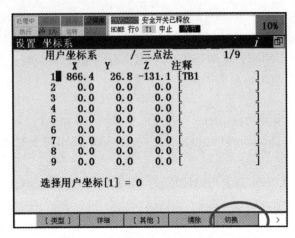

图 3-34　重新回到的用户坐标系设置界面

(2) 按 F5【SETIND】(切换)键，屏幕中出现"输入坐标系编号:"。

(3) 用数字键输入所需激活的用户坐标系编号，如图 3-35 所示，按【ENTER】(回车)键确认，屏幕中将显示被激活的用户坐标系编号，即当前有效的用户坐标系编号。

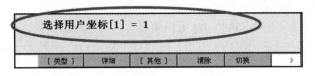

图 3-35　输入工具坐标系编号

方法二:

(1) 按【SHIFT】+【COORD】键，弹出如图 3-36 所示黄色对话框。

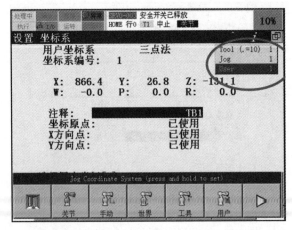

图 3-36　按【SHIFT】+【COORD】键弹出的用户坐标系对话框

(2) 移动光标到 USER(用户)行，用数字键输入所要激活的用户坐标系编号。

3.3.3　检验用户坐标系

(1) 将机器人的示教坐标系通过【COORD】键切换成用户坐标系，如图 3-37 所示。

图 3-37　切换用户坐标系

(2) 按【SHIFT】+运动键 1(如图 3-26 所示)，示教机器人分别沿 X、Y、Z 方向运动，检查用户坐标系的方向设定是否有偏差，若有偏差，则重复以上所有步骤重新设置。

3.4　项目三：坐标系设置

3.4.1　项目要求

(1) 掌握工具坐标系三点法、六点法的设置及激活、检验的方法。
(2) 了解工具坐标系直接输入法的设置及激活、检验的方法。
(3) 掌握用户坐标系三点法的设置及激活、检验的方法。

3.4.2　实践须知

实操训练过程中应融入精益求精、严谨规范的元素。实训过程中由浅入深，步步推进，做到寓教于学、寓学于练、寓练于做。在"坐标系设置"项目中，学生需通过手动操纵示教器使装有笔形工具的机器人无碰撞、安全地接近顶针。熟练掌握机器人单轴运动、线性运动、重定位运动的操作。在常规操作练习基础上，项目小组成员一人操作一种设置方法，比较谁设置得更精准、更完美，提升课堂气氛，激发技能训练的积极性，减少因长时间调试机器人而产生的疲劳感。

情境设置：秉承工作过程中知识点重复、学习内容不重复的行动教学体系的特点，在情境(坐标系设置)中构建工具坐标系三点法、六点法、直接法，以及用户坐标系三点法的学习领域。需用理论指导实际，再用实际验证理论，反复调试验证，追求完美。培养精益求精的职业品质，学会克服畏难情绪，培养严以律己、知难而进的意志和毅力。情境设置如图 3-38 所示。

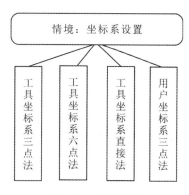

图 3-38　情境设置

3.4.3　项目步骤

(1) 设置工具坐标系。

① 检查所操作的设备是否配有 TCP 基准(如图 3-39 所示)，并将该基准摆放到机器人可到达的位置。(注意：设置 TCP 的过程中，不允许移动基准。)

图 3-39　TCP 基准

② 机器人末端安装笔形工具，确定设置工具坐标系采用的方法(分别用三点法和六点法设置)。

③ 开机，将模式开关置于 T1 挡。

④ 根据步骤②所确定的方法设置工具坐标系。

⑤ 记录产生的 X、Y、Z、W、P、R 数据。

三点法：_____

六点法：_____

⑥ 激活设置的工具坐标系。当所设置的工具坐标系被激活后，机器人的执行点(TCP)即为所设置的工具坐标系的原点，当把示教坐标系切换成工具坐标系后，点动机器人即按所设置的工具坐标系的方向运动。

⑦ 检验设置的工具坐标系，将示教坐标系切换至工具坐标系。

检验 X、Y、Z 方向：通过以上检查，确认所设工具坐标系是否符合要求。

检验 TCP 位置精度：通过以上检查，确认所设工具坐标系是否符合要求。

⑧ 将机器人恢复至 HOME 位置，即：

$$J1 = 0.000, \qquad J2 = 0.000, \qquad J3 = 0.000$$
$$J4 = 0.000, \qquad J5 = -90.000, \qquad J6 = 0.000$$

(2) 设置用户坐标系。

① 将模式开关置于 T1 挡，并开机。

② 确认已经激活设置完成的工具坐标系。

③ 根据示教轨迹板上的坐标系方向，以三点法设置用户坐标系。

④ 记录产生的 X、Y、Z、W、P、R 数据。

⑤ 激活设置的用户坐标系。

⑥ 检验设置的用户坐标系。通过以上检查，确认所设用户坐标系是否符合要求，并将机器人恢复至 HOME 位置。

3.5　科普小课堂

党旗下的科技发展——在万米深海作业的灵巧"双手"

2020 年 11 月，我国奋斗者号载人潜水器(见图 3-40)在马里亚纳海沟成功坐底，坐底深度为 10 909 m，成为继 1960 年美国的里雅斯特号、2012 年加拿大导演詹姆斯·卡梅隆搭乘的深海挑战者号后，人类历史上第三艘抵达马里亚纳海沟的载人潜水器，标志着我国深海探测载人深潜的新纪录。其中最引人注目的是抓取样本的机械手臂，这和我国空间站使用的机械臂作用一样，不同的是潜水器进行的是深海作业，如对海底生物、海底沉积物、岩石的采样以及布放和回收科考设备等。值得一提的是，奋斗号所拥有的深海机械臂属于液压机械手，持重能力超过了 60 kg，而这不仅代表着我国运用液压机械手开展万米作业的空白被填补，还意味着我国万米密封技术、超高压油液环境驱动与控制等技术实现了突破。

(a)

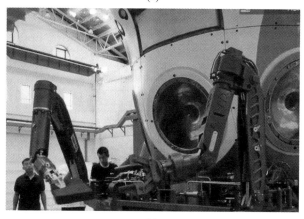

(b)

图 3-40　中国奋斗者号

从浩瀚宇宙到万里深海，我国科技的力量一次又一次地成为世界瞩目般的存在，而"上可九天揽月，下可五洋捉鳖"也正一步一步地被实现。

第4章 程序管理

程序管理包含创建程序、删除程序、复制程序、执行程序等。通过学习以上程序管理方法，可以方便、快捷地进行机器人编程，有效提高工作效率；在编写机器人程序过程中，随时可以单步测试程序，以便更好地提高程序编写的正确率、逻辑思维和轨迹执行的正确性。

4.1 创建程序

创建机器人程序前需对程序框架进行设计，应考虑机器人执行所期望作业的有效方法，并使用合适的指令来编写程序。创建机器人程序后要进行测试，测试过程中发现的问题要及时修改，确保所编写的程序合格。创建程序流程如图 4-1 所示。

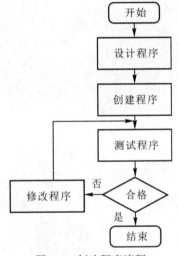

图 4-1　创建程序流程

创建程序的步骤如下：

(1) 按【SELECT】(一览)键，显示程序目录画面，如图 4-2 所示。

(2) 按 F2【CREATE】(创建)键，出现如图 4-3 所示画面。

(3) 移动光标选择程序名命名方式，再使用功能键(F1～F5)输入程序名，如图 4-4 所示。程序名命名方式包括单词(Words)、大写(Upper Case)、小写(Lower Case)、其他/键盘(Options)。

命名时需注意以下几点：

➤ 不可以空格作为程序名的开始字符。

➤ 不可以符号作为程序名的开始字符。

➤ 不可以数字作为程序名的开始字符。

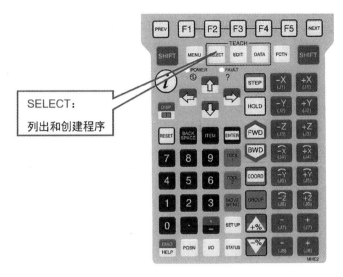

图 4-2 【SELECT】(一览)界面

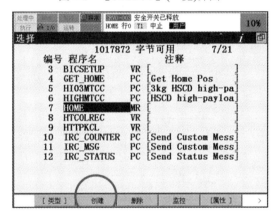

图 4-3 【CREATE】(创建)界面

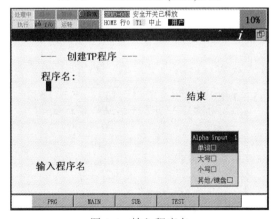

图 4-4 输入程序名

(4) 按【ENTER】(回车)键确认，并按 F3【EDIT】(编辑)键进入编辑界面，如图 4-5 所示。

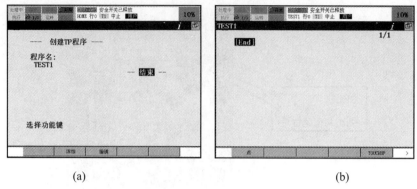

| (a) | (b) |

图 4-5　确认程序名

4.2　删 除 程 序

删除程序是 FANUC 程序管理的一大重要功能，它有利于程序目录画面的管理。在删除程序时如果删除不成功，则要考虑该程序是否有写保护，需要查看程序属性。程序删除流程如图 4-6 所示。

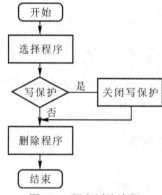

图 4-6　程序删除流程

删除程序的步骤如下：

(1) 按【SELECT】(一览)键，显示程序目录画面，如图 4-7 所示。

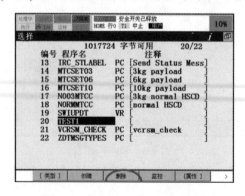

图 4-7　【SELECT】(一览)界面

(2) 移动光标选中要删除的程序名(如删除程序 TEST1)。

(3) 按 F3【DELETE】(删除)键，出现"是否删除？"，如图 4-8 所示。

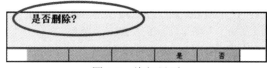

图 4-8 询问界面

(4) 按 F4【YES】(是)键，即可删除所选程序。

4.3 复 制 程 序

复制程序的步骤如下：

(1) 按【SELECT】(一览)键，显示程序目录画面，如图 4-9 所示。

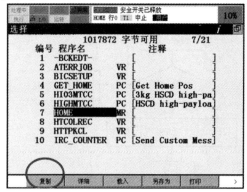

图 4-9 【SELECT】(一览)界面

(2) 移动光标选中要被复制的程序名(如复制程序 HOME)。

(3) 若功能键中无【COPY】(复制)项，按【NEXT】(下一页)键切换内容。

(4) 按 F1【COPY】(复制)键，出现如图 4-10 所示画面。

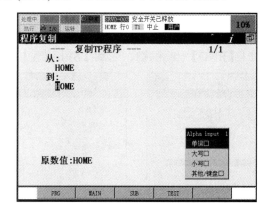

图 4-10 【COPY】(复制)界面

(5) 移动光标选择程序名命名方式，再使用功能键(F1～F5)输入程序名。

(6) 程序名输入完毕后，按【ENTER】(回车)键确认，出现如图 4-11 所示画面。

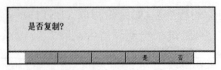

图 4-11　(回车)键确认界面

(7) 按 F4【YES】(是)键，即可复制所选程序。

4.4　查看程序属性

查看和管理程序的属性有助于我们更好地了解程序。在创建新程序时，需要考虑是否需要设置其属性，以确保该程序后期能够正常执行或不被人篡改。程序属性主要包括程序类型、程序注释、程序保护、程序忽略暂停、程序堆栈大小等。程序属性设置如图 4-12 所示。

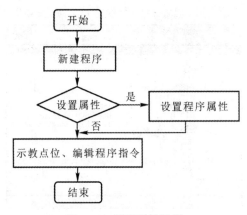

图 4-12　程序属性设置

程序属性设置步骤如下：

(1) 按【SELECT】(一览)键，显示程序目录画面。

(2) 移动光标选中要查看的程序。

(3) 若功能键中无【DETAIL】(详细)项，按 【NEXT】(下一页)键切换功能键内容。

(4) 按 F2【DETAIL】(详细)键，出现如图 4-13 所示画面，具体程序属性如表 4-1 所示。

(5) 修改完毕后，按 F1【END】(结束)键，回到【SELECT】界面。

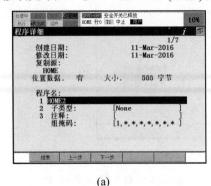
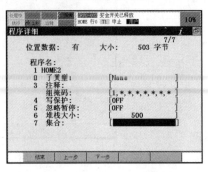

(a)　　　　　　　　　　　　　　　　　(b)

图 4-13　程序属性界面

表 4-1　程 序 属 性

与属性相关的信息	
创建日期	创建日
修改日期	修改日
复制源	复制源的文件名
位置数据	位置数据的有、无
大小	程序数据容量
与执行环境相关的信息	
程序名	程序名称，程序名称最好以能够表现其目的和功能的方式命名。例如，对第一种工件进行点焊的程序，可以将程序名取为 "SPOT_1"
子类型	NONE：无 MR：宏程序 COND：条件程序
注释	程序注释
组掩码	运动组，定义程序中哪几个组受控制，只有在该界面的位置数据项(Positions)为 "False(无)" 时可以修改此项
写保护	通过写保护来指定程序是否可以被改变： ON：程序被写保护 OFF：程序未被写保护
忽略暂停	中断忽略：对于没有动作组的程序，当设定为 ON 时，表示该程序在执行时不会被报警重要程度在 SERVO 及以下的报警急停、暂停而中断
堆栈大小	
集合	

4.5　执 行 程 序

　　程序的执行有单步和连续之分。创建程序后，需要测试程序，首先进行单步执行测试，验证每一个指令是否正确。在单步执行正确的情况下再进行连续执行测试，以确保逻辑思维和轨迹执行是否符合作业预期。程序单步、连续执行如图 4-14 所示。

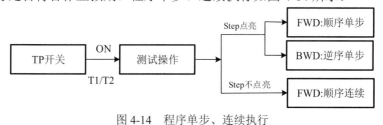

图 4-14　程序单步、连续执行

4.5.1　示教器启动

1. 示教器启动方式一

顺序单步执行(在模式开关为 T1/T2 条件下进行)的步骤如下：

(1) 按住 DEADMAN 开关。

(2) 把 TP 开关打到"ON"(开)状态。

(3) 移动光标到要开始执行的指令处，如图 4-15 所示。

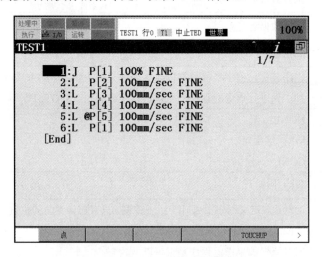

图 4-15　光标指令开始处

(4) 按【STEP】(单步)键，确认【STEP】(单步)指示灯亮，如图 4-16 所示。

图 4-16　【STEP】(单步)点亮

(5) 按住【SHIFT】键，每按一下【FWD】键执行一行指令。指令运行完，机器人停止运动(逆序执行：【SHIFT】+【BWD】键)。

2. 示教器启动方式二

顺序连续执行(在模式开关为 T1/T2 条件下进行)的步骤如下：

(1) 按住 DEADMAN 开关。

(2) 把 TP 开关打到"ON"(开)状态。

(3) 移动光标到要开始执行的指令处，如图 4-15 所示。

(4) 确认【STEP】(单步)指示灯不亮，若 【STEP】(单步)指示灯亮，按【STEP】(单步)键切换指示灯的状态，如图 4-17 所示。

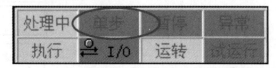

图 4-17　【STEP】(单步)不点亮

(5) 按住【SHIFT】键，再按一下【FWD】键开始执行程序。程序运行完，机器人停止运动。

4.5.2 程序执行中断

(1) 程序的执行状态分为执行、中止、暂停三种类型，如图 4-18 所示。

① 执行：TP 屏幕显示程序的执行状态为 RUNNING(执行)。

② 中止：TP 屏幕显示程序的执行状态为 ABORTED(中止)，显示程序执行已经结束的状态。在子程序执行过程中强制结束主程序时，返回主程序的信息丢失。

③ 暂停：TP 屏幕显示程序的执行状态为 PAUSED(暂停)，此时机器人存储中断时的位置信息，当机器人得到再启动信号时，从中断位置继续执行程序。此时不能启动别的程序。

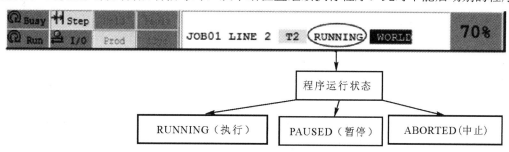

图 4-18　程序的执行状态

(2) 引起程序中断的情况如图 4-19 所示。

① 操作人员停止程序运行(人为中断)。此种中断情况包括按下示教盒或控制柜面板上的急停按钮、外部急停信号和系统急停信号 IMSTP 的输入、DEADMAN 开关的松开、示教盒【暂停】(HOLD)键的按下、外围设备 I/O 的 HOLD 输入等。

② 程序运行中遇到报警(发生报警)。当程序运行或机器人操作中有不正确的地方时会产生报警，以确保人员和设备安全。若发生报警使程序中断，则可通过按【MENU】—【报警】(ALARM)键，查看相应的报警信息。

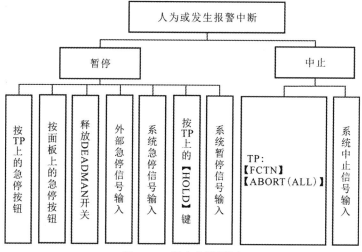

图 4-19　程序中断原因

(3) 解除不同原因引发的暂停状态。

① 急停中断的恢复：按急停键将使机器人立即停止运动，程序运行中断，报警出现，伺服系统关闭。

> 报警代码：SRVO - 001 Operator Panel E-stop(操作面板紧急停止)
>   SRVO - 002 Teach Pendant E-stop (示教器紧急停止)
>
> 恢复步骤：
>
> a. 排除导致急停的原因。
>
> b. 旋转急停按钮解除其锁定状态。
>
> c. 按 TP 上的【RESET】键，消除报警，此时 FAULT(异常)指示灯灭。

② 报警中断的恢复：按【RESET】键消除报警，但是有时 TP 上实时显示的报警代码并不是真正的故障原因，这时要通过查看报警记录才能找到真正的故障原因。若要查看报警记录，则需要依次按【MENU】—【ALARM】(报警)—【报警日志】—F3【HIST】(履历)键，才能查看到完整的报警信息履历，找到报警的真正原因。实时报警及报警履历如图4-20 所示。

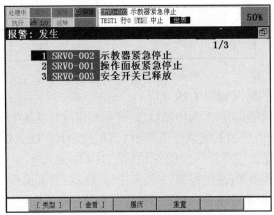

(a) 实时报警

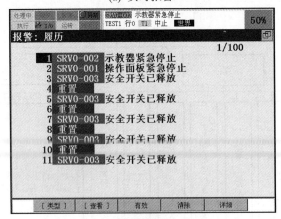

(b) 报警履历

图 4-20 实时报警及报警履历

③ 暂停中断的恢复：自动运行过程中，按【HOLD】键将会使机器人减速后停止运动，

执行中的程序被中断，但伺服电源不断开，暂时指示灯点亮。此时重新启动程序，暂停即被解除。

4.6 项目四：程序管理及手动执行程序

4.6.1 项目要求

(1) 学会程序的创建、选择、复制、删除，以及查看程序属性。
(2) 掌握动作指令，能根据指定的图形编辑轨迹。
(3) 能根据需要修改轨迹及动作指令的各项内容。
(4) 掌握顺序及逆序手动执行程序的方法。

4.6.2 实践须知

实操训练过程中应融入家国情怀的元素。爱国是一种坚如磐石的情感和信念，是祖国发展腾飞的不竭动力。通过在机器人编程课程中融入家国情怀，来鼓励学生认真学习、励精图治、与时俱进，在充满机遇和挑战的企业大环境里，发扬振兴民族工业、振兴中华的精神。在"画画"项目实操中，设置画"五星国旗"和"爱我中华"等环节，学生应树立正确的人生观、世界观、价值观，成为我国特色社会主义事业建设者和接班人。

情境设置：情境设置由易到难，学习内容循序渐进，在情境(画画)中构建了画直线和圆、画多边形、画图形、画字的学习领域。以画图形中的"五星国旗"和画字中的"爱我中华"为要素，寻求最佳运动轨迹，画出最好图案，营造良好的爱国氛围，潜移默化地熏陶自己。情境设置如图4-21所示。

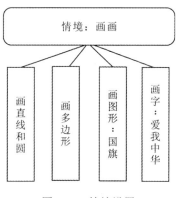

图 4-21　情境设置

4.6.3 画多边形步骤

(1) 开机，模式开关置于 T1 挡。
(2) 按要求确定机器人轨迹的开始点和结束点为HOME点，HOME点的位置数据如下：

$$J1 = 0.000, \qquad J2 = 0.000, \qquad J3 = 0.000$$
$$J4 = 0.000, \qquad J5 = -90.000, \qquad J6 = 0.000$$

(3) 按要求完成轨迹。

① 创建程序，程序名：FZGJ + n(n 表示各自对应的分组号码，如 1 号的程序名则为 FZGJ1)。

② 完成坐标系设置并激活 n 号工具坐标系和 n 号用户坐标系。

③ 记录 HOME 位置 P[1]。

a. 进入程序界面，按【SHIFT】+ F1【点】键，把当前位置记录下来并生成动作指令。

b. 移动光标至位置号(P[1])上，选择 F5【位置】及 F5【形式】，并选择关节进入位置信息界面，直接输入 HOME 点的位置数据，如图 4-22 所示。

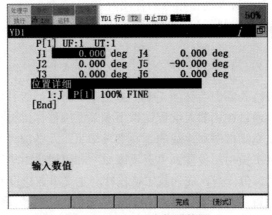

图 4-22　HOME 点位置数据

④ 参照如图 4-23 所示轨迹示教机器人，完成相应位置运动轨迹的编程。

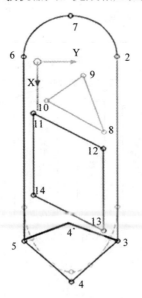

图 4-23　轨迹图

⑤ 按【SHIFT】+ F1【POINT】(点)键或者 F1【POINT】(点)键记录位置点。

⑥ 示教并记录完所有位置点后，选中【STEP】模式，按【SHIFT】+【FWD】键单步

运行程序。

⑦ 取消【STEP】模式，按【SHIFT】+【FWD】键连续运行程序。

(4) 复制程序：将程序名为 FZGJ + n 的程序复制成程序名为 FZGJ+n_1 的程序，如 FZGJ1_1。分别记录两个程序属性界面中复制源的内容：

FZGJ + n：_____。

FZGJ + n_1：_____。

(5) 按照图修改程序 FZGJ + n_1。

① 将光标移至 P[4]行处。

② 示教机器人至 4^点处。

③ 按【SHIFT】+ F5【TOUCHUP】键修改该位置。

④ 示教并记录完位置后，选中【STEP】模式，按【SHIFT】+【FWD】键单步运行程序。

⑤ 取消【STEP】模式，按【SHIFT】+【FWD】键连续运行程序。

4.7　科普小课堂

砥砺前行、助力疫情防控——自主研发咽拭子采样机器人

新型冠状病毒肺炎疫情发生以来，亿万中华儿女万众一心、众志成城、共克时艰，白衣战士逆行驰援、夜以继日，体现了医者仁心的无私情怀；基层党员践行使命、恪尽职守，展现了保家卫国的责任担当；志愿者积极行动、守望相助，在灾难面前表现出无疆大爱；科研人员临危受命、勇于担当，为科学、有效地阻断疫情传播提供了有力保障。

山东烟台清科嘉研究院和清华大学研究团队共同研发的咽拭子采样机器人问世，填补了国内相关技术空白。该机器人可自动进行力觉反馈和视觉监控，采样过程全自动，可降低感染风险，有效解决人手不足的问题，并实现信息上“云”，支持后台实时查询核酸检测数据。核酸采样仅用时约 35 s 就能完成，把一次性医用咬口器安装到咽拭子采样机器人箱体的指定位置后，采样者扫描个人信息完成登记，并根据提示将嘴对准咬口器，按下“开始”按钮后，机器人会准确找到咽拭子的有效采样部位，继而进行采集、收样、封装、保存、消杀。咽拭子采样机器人如图 4-24、图 4-25 所示。

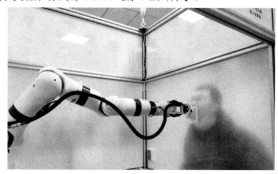

图 4-24　咽拭子采样机器人 1

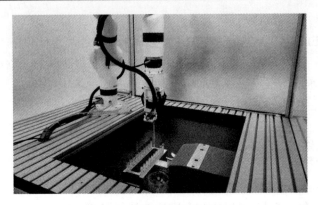

图 4-25　咽拭子采样机器人 2

　　总有一种力量激励我们前行，总有一种精神让我们泪流满面。咽拭子采样机器人的问世将极大地缓解核酸检测中的人员压力和安全问题，更好地助力疫情防控工作，帮助国家尽早战胜疫情，尽快恢复正常生产、生活秩序。

第5章 指 令

5.1 编 辑 界 面

按示教器【SELECT】(一览)键，选择某一程序后打开程序编辑窗口，如图 5-1 所示。程序编辑窗口由以下信息构成：当前编辑的程序名、程序指令、程序结束标记、功能菜单。程序编辑窗口提供当前程序的功能菜单(点、TOUCHUP)，通过【点】键可添加相关动作指令，通过【SHIFT】+【TOUCHUP】键可记录当前机器人的位置数据。同时窗口上方可以查看当前执行的程序名、程序运行状态、当前示教坐标系、速度倍率等信息。

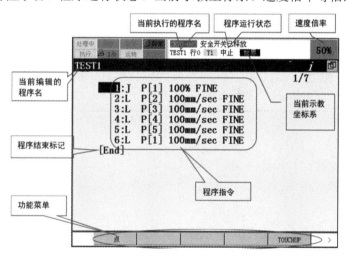

图 5-1　程序编辑窗口

5.2 动 作 指 令

5.2.1 动作指令的介绍

动作指令是指以指定的移动速度和移动方式使机器人向作业空间内的指定目标位置移动的指令。动作指令由程序行号、动作类型、位置数据、移动速度及单位、定位类型与附加指令六大部分组成，如图 5-2 所示。

动作类型：指定向目标位置移动的轨迹控制。

位置数据：目标位置的位置信息。

移动速度：指定机器人的移动速度。

定位类型：指定是否在目标位置定位。

附加指令：指定加减速倍率指令(ACC)、位置补偿指令(Offset)等。

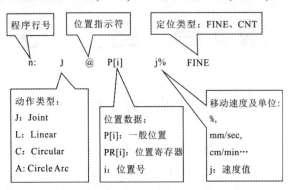

图 5-2　动作指令框架

1. 动作类型

动作类型用于指定向目标位置移动的轨迹，分为不进行轨迹与姿态控制的关节动作(J)、进行轨迹与姿态控制的直线动作(L)以及进行轨迹与姿态控制的圆弧动作(C、A)三类。

关节动作是指工具在两个目标点间任意运动，不进行轨迹控制和姿态控制。J 关节动作如图 5-3 所示。

·　　J　　Joint　　关节动作：

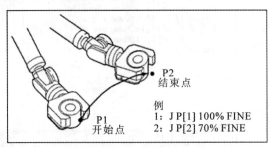

图 5-3　J 关节动作

直线动作是指工具在两个目标点间沿直线运动，从动作开始点到结束点以线性方式对刀尖点移动轨迹进行控制的一种移动方法。L 直线动作如图 5-4 所示。

·　　L　　Linear　　直线动作：

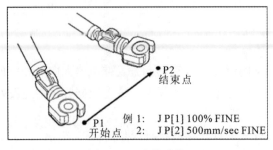

图 5-4　L 直线动作

旋转动作是指使用直线动作指令，使工具的姿态从开始点到结束点以刀尖点为中心旋转的一种移动方法。移动速度以 deg/sec 予以指定。L 旋转动作如图 5-5 所示。

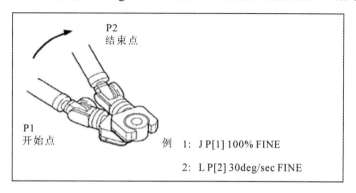

图 5-5　L 旋转动作

圆弧动作是指工具在三个目标点间沿圆弧运动，从动作开始点通过经由点到结束点以圆弧方式对刀尖点移动轨迹进行控制的一种移动方法。

C 圆弧动作是指在借助开始点的情况下，还需要示教两个点位(经由点、结束点)，以实现在三个目标点间以圆弧的运动方式进行移动控制的指令。C 圆弧动作如图 5-6 所示。

　　·　　C　Circular　圆弧动作：

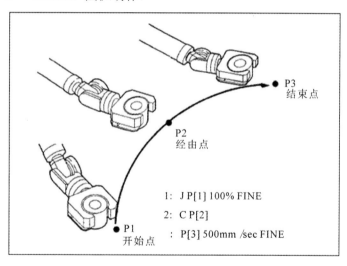

图 5-6　C 圆弧动作

注意　第三点的记录方法为：记录完 P[2]后会出现：

　　　　　2：C　P[2]

　　　　　P[…]　500mm/sec　FINE

将光标移至 P[…]行前，并示教机器人至所需要的位置，按【SHIFT】+ F3【TOUCHUP】键记录圆弧第三点。

A 圆弧动作是指工具在三个目标点间沿圆弧运动，以实现由连续 3 个圆弧动作指令(A)连结而成的圆弧动作。A 圆弧动作如图 5-7 所示。

　　　·　　A　Circle Arc C 圆弧动作

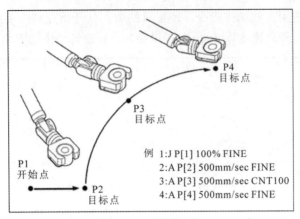

图 5-7　A 圆弧动作

（图中文字：P4 目标点；P3 目标点；P1 开始点；P2 目标点；
例　1:J P[1] 100% FINE
2:A P[2] 500mm/sec FINE
3:A P[3] 500mm/sec CNT100
4:A P[4] 500mm/sec FINE）

2. 位置数据

位置数据用于存储机器人的位置与姿态，可以分为关节坐标值与笛卡儿坐标值两种，关节坐标值是指六个关节(J1、J2、J3、J4、J5、J6)的旋转角度，笛卡儿坐标值是指三个位置和三个姿态(X、Y、Z、W、P、R)的数据。在动作指令中，位置数据通过位置变量 P[i] 或位置寄存器 PR[i] 来表示。

　　　　P[　]：一般位置(局部变量)

例如：

$$J\ P[1]\ 100\%\ FINE$$

　　　　PR[　]：位置寄存器(全局变量)

例如：

$$J\ PR[1]\ 100\%\ FINE$$

当位置数据中的位置指示符@出现时，表示机器人的当前位置姿态数据与 P[i](PR[i]) 位置寄存器中存储的位置信息一致。往往在进行【SHIFT】+ F5【TOUCHUP】位置点记录时，或机器人运动到该点位置时出现位置指示符@。

3. 移动速度及单位

移动速度的指定方法有两种：直接指定与寄存器指定。通过寄存器指定速度时，可先在寄存器中进行计算，再确定指令的移动速度。程序中的移动速度会受到速度倍率(1%～100%)的限制。同时对应不同的动作类型，速度单位也不同，具体如下：

　　　　J：%，sec，msec

　　　　L、C、A：mm/sec，cm/min，inch/min，deg/sec，sec，msec

4. 定位类型

动作指令中的定位类型用于机器人动作结束方法的定义，分为 FINE 和 CNT 两种。采用 FINE 定位时，机器人在进行前一个目标位置定位后，再向下一个目标位置移动。采用 CNT 定位时，机器人靠近目标位置但不在该位置停止，至于机器人与目标位置的接近程度，由 CNT 后面的数值来定义，数值越大偏离目标越远。CNT 定位类型如图 5-8 所示。

　　　　1: J P[1] 100% FINE

　　　　2: L P[2] 2000mm/sec CNT100

3: J P[3] 100% FINE

[END]

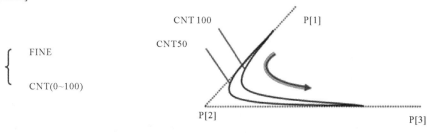

图 5-8　CNT 定位类型

5. 附加指令

动作指令中的附加指令主要包括加减速倍率指令(ACC)、位置补偿指令(Offset)等。通过加减速倍率指令(ACC)可以使机器人从开始位置到目标位置的移动时间缩短或者延长，加减速倍率值范围为 0～150%。通过位置补偿指令(Offset)可以在 P[i]的基础上加上偏移量 PR[i]后走到新的位置 P[i]'。

(1) 加减速倍率指令(ACC)格式如下：

J　P[1] 100%　FINE　ACC(100)

(2) 位置补偿指令(Offset)格式如下：

L P[1] 2000mm/sec FINE　offset，　PR[i]

5.2.2　动作指令的编辑

1. 示教添加动作指令

(1) 进入编辑界面。

(2) 移动机器人到所需位置。

(3) 按 F1【POINT】(点)键，出现如图 5-9(a)所示界面。

(4) 移动光标选择合适的动作指令格式，按【ENTER】(回车)键确认，生成动作指令，将当前机器人的位置数据记录下来，指令添加界面如图 5-9(b)所示。

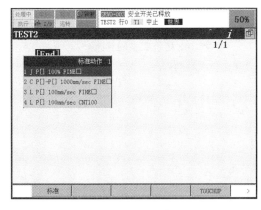

(a) F1【POINT】(点)界面

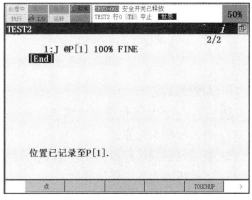

(b) 指令添加界面

图 5-9　指令添加

2. 修改动作指令四要素

(1) 进入编辑界面。

(2) 将光标移到需要修改的动作指令的指令要素项。

(3) 按 F4【CHOICE】(选择)键，显示指令要素的选择项一览，选择需要更改的条目，按【ENTER】回车键确认。指令的修改和位置寄存器的修改如图 5-10 所示，速度单位的修改和定位类型的修改如图 5-11 所示。

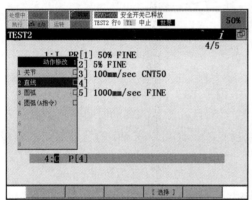

(a)指令的修改

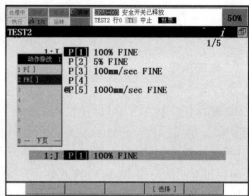

(b)位置寄存器的修改

图 5-10　指令的修改和位置寄存器的修改

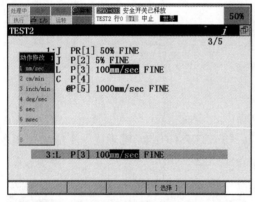

(a) 速度单位的修改

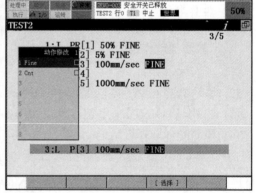

(b) 定位类型的修改

图 5-11　速度单位的修改和定位类型的修改

3. 修改位置点

方法一：示教修改位置点，其步骤如下。

(1) 进入程序编辑界面。

(2) 移动光标到需修改的动作指令的行号处。

(3) 示教机器人到所需位置处。

(4) 按【SHIFT】+ F5【TOUCHUP】(点修正)键，当该行出现@符号时，表示位置信息已更新，如图 5-12 所示。

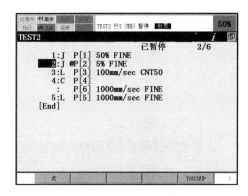

图 5-12 【SHIFT】+ F5【TOUCHUP】修改界面

方法二：直接写入数据修改位置点，其步骤如下。

(1) 进入编辑界面。

(2) 移动光标到需要修改的位置寄存器编号处，如图 5-13(a)所示。

(3) 按 F5【POSITION】(位置)键，显示位置数据子菜单，如图 5-13(b)所示。

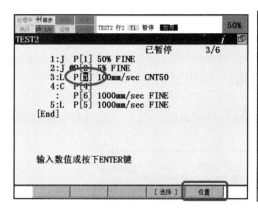

(a)要修正的位置寄存器编号

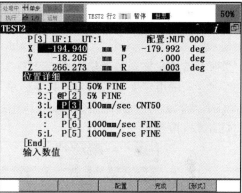

(b)显示位置数据子菜单

图 5-13 直接写入数据修改

(4) 按 F5【REPRE】(形式)键切换位置数据类型，默认显示的是直角坐标系下的数据，可将其切换成关节坐标系下再输入各关节数据，如图 5-14 所示。

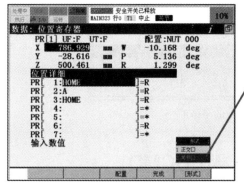

(a) 直角坐标系下的位置数据

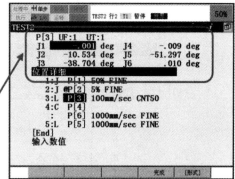

(b) 关节坐标系下的角度数据

图 5-14 【REPRE】(形式)下的数据

(5) 输入需要的新值(关节数据 J1、J2、J3、J4、J5、J6)。

(6) 修改完毕后，按 F4【DONE】(完成)键退出该画面。

执行程序时，需要使当前的有效工具坐标系号和用户坐标系号与 P[i]点记录时的坐标信息一致。否则在执行程序时将显示坐标系资料不符的提示信息，导致程序无法正常执行。如图 5-15 所示，在记录 P[1]点时的用户坐标系号为 1，工具坐标系号为 1。

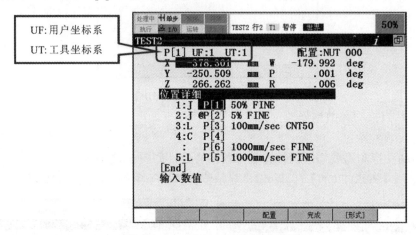

图 5-15　P[1]点记录时的坐标系号

当前有效的坐标系号信息查询方法为：同时按【SHIFT】+【COORD】键可以显示或设置当前有效的用户坐标系号与工具坐标系号。如图 5-16 所示，当前有效的用户坐标系号为 1，工具坐标系号为 1。在记录 P[1]点时的坐标系号与当前有效的坐标系号一致，可以执行 P[1]的该条指令。

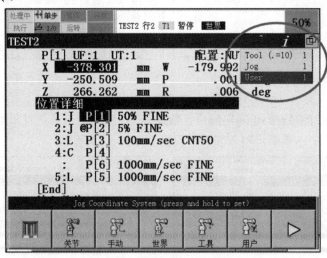

图 5-16　当前有效的坐标系号

5.3　指令的编辑(EDCMD)

程序编辑指令分为插入(Insert)、删除(Delete)、复制(Copy)、查找(Find)、替换(Replace)

与注释(Comment)等。通过指令编辑的学习，可以帮助我们更加快捷、方便地管理、编辑程序。

指令的编辑步骤如下：

(1) 进入程序编辑界面。

(2) 按【NEXT】(下一页)键切换功能键内容，使 F5 键对应为【EDCMD】(编辑)，其界面如图 5-17 所示。

(3) 按 F5【EDCMD】(编辑)键，弹出编辑清单，具体清单如表 5-1 所示。

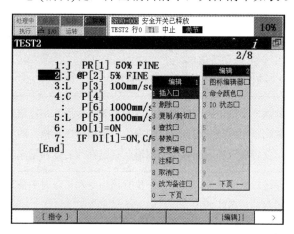

图 5-17 【EDCMD】(编辑)菜单界面

表 5-1 EDCMD 菜单说明

项 目	说 明
Insert (插入)	插入空白行：将所需数量的空白行插入到现有的程序语句之间。插入空白行后，重新赋予行编号
Delete (删除)	删除程序语句：将所指定范围的程序语句从程序中删除。删除程序语句后，重新赋予行编号
Copy/Cut (复制/剪切)	复制/剪切程序语句：先复制/剪切一连串的程序语句集，然后插入粘贴到程序中的其他位置。复制程序语句时，选择复制源的程序语句范围，将其记录到存储器中。程序源语句一旦被复制，可以多次插入粘贴使用
Find (查找)	查找所指定的程序指令要素
Replace (替换)	将所指定的程序指令的要素替换为其他要素。例如，在更改了影响程序的设置数据的情况下，使用该功能
Renumber (变更编号)	以升序重新赋予程序中的位置编号：位置编号在每次对动作指令进行示教时，自动累加生成。经过反复执行插入和删除操作，位置编号在程序中会显得凌乱无序。通过变更编号，可使位置编号在程序中依序排列

项　目	说　明
Comment (注释)	可以在程序编辑画面内对以下指令的注释进行显/隐藏切换，但是不能对注释进行编辑： · DI 指令、DO 指令、RI 指令、RO 指令、GI 指令、GO 指令、AI 指令、AO 指令、UI 指令、UO 指令、SI 指令，SO 指令 · 寄存器指令 · 位置寄存器指令(包含动作指令的位置数据格式的位置寄存器) · 码垛寄存器指令 · 动作指令的寄存器速度指令
Undo (取消)	取消一步操作：可以取消指令的更改、行插入、行删除等程序编辑操作。若在编辑程序的某一行执行取消操作，则相对该行执行的所有操作全部取消。此外，在行插入和行删除中，取消所有已插入的行和已删除的行
Remark (改为备注)	通过指令的备注，就可以不执行该指令，可以对多条指令进行备注，或者予以解除。被备注的指令在行的开头显示"//"
图标编辑器	进入图标编辑界面，在带触摸屏的 TP 上，可直接触摸图表进行程序的编辑
命令颜色	使某些命令如 I/O 命令以彩色显示
I/O 状态	在命令中显示 I/O 的实时状态

5.4 控制指令

控制指令是除了动作指令外，对在机器人上所使用的程序指令的总称，具体包括：寄存器指令、I/O(信号)指令、条件指令、等待指令、跳转/标签指令、程序调用指令、循环指令和偏移指令等，如表 5-2 所示。

表 5-2　控制指令一览

1	寄存器指令	7	程序调用指令：CALL
2	I/O(信号)：I/O	8	循环指令：FOR/END FOR
3	条件比较指令：IF	9	偏移指令：OFFSET
4	条件选择指令：SELECT	10	坐标系调用指令：UTOOL_NUM、UFRAME_NUM
5	等待指令：WAIT	11	其他指令
6	跳转/标签指令：JMP/LBL		

5.4.1 寄存器指令 Registers

可通过示教器 F1【INST】(指令)键选择数值寄存器，以实现在程序中加入对应的寄存器指令。

1) 寄存器类型

寄存器支持"+""-""＊""／"四则运算和多项式运算。其中 i = 1，2，…为寄存器号，常用寄存器类型如图 5-18 所示。

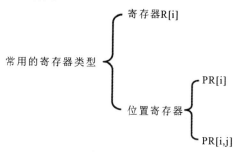

图 5-18　常用寄存器类型

2) 寄存器 R[i]

寄存器 R[i]一般用来存储数值，其存储运算规律如图 5-19 所示。

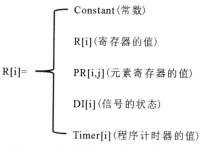

图 5-19　寄存器 R[i]存储运算规律

3) 位置寄存器 PR[i]

位置寄存器是记录位置信息的寄存器，其存储运算规律如图 5-20 所示。

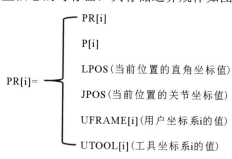

图 5-20　位置寄存器 PR[i]存储运算规律

4) 位置寄存器要素指令 PR[i，j]

PR[i，j] = PR[i]的第 j 个要素(坐标值)，其在不同坐标系中代表的含义如表 5-3 所示。

表 5-3　j 要素在不同坐标系中代表的含义

	LPOS(直角坐标)	JPOS(关节坐标)
j = 1	X	J1
j = 2	Y	J2
j = 3	Z	J3
j = 4	W	J4
j = 5	P	J5
j = 6	R	J6

LPOS(直角):

```
PR[2] UF:F  UT:F              配置:NUT 000
X     1624.299   mm  W   -180.000  deg
Y        .000    mm  P     -8.640  deg
Z     1087.440   mm  R       .000  deg
```

　　PR[2，1] = X　　PR[2，4] = W

　　PR[2，2] = Y　　PR[2，5] = P

　　PR[2，3] = Z　　PR[2，6] = R

JPOS(关节):

```
PR[2] UF:F  UT:F
J1     0.000 deg  J4       0.000 deg
J2     0.000 deg  J5     -81.360 deg
J3     0.000 deg  J6       0.000 deg
```

　　PR[2，1] = J1　　PR[2，4] = J4

　　PR[2，2] = J2　　PR[2，5] = J5

　　PR[2，3] = J3　　PR[2，6] = J6

5) 查看寄存器值

查看数值寄存器值的步骤如下:

(1) 按示教器上的【Data】键,再按 F1【TYPE】(类型)键,出现如图 5-21 所示界面,其中包括 Registers(数值寄存器)和 Position Reg(位置寄存器)。

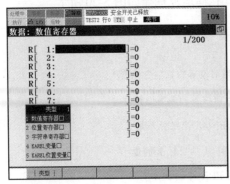

　　(a) 数值寄存器　　　　　　　　　　　　(b) 位置寄存器

图 5-21　寄存器类型界面

(2) 移动光标选择【Registers】(数值寄存器)或【Position Reg】(位置寄存器)，按【ENTER】(回车)键，如图 5-22 所示。

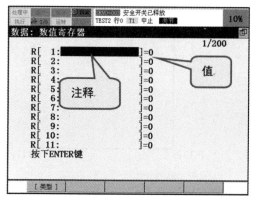 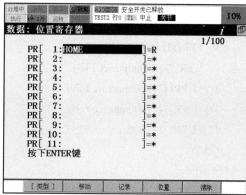

(a) 数值寄存器界面   (b) 位置寄存器界面

图 5-22   R[i]和 PR[i]寄存器界面

(3) 把光标移至寄存器号后，按【ENTER】(回车)键，可输入相关注释内容。

(4) 把光标移到值处，使用数字键可直接修改数值。

(5) 对于【Position Reg】(位置寄存器)，若值显示为 R，则表示记录具体数据；若值显示为 * ，则表示未示教记录任何数据。

(6) 对于【Position Reg】(位置寄存器)，可按 F5【REPRE】(形式)键移动光标切换数据形式(Cartesian(正交)或 Joint(关节))，并按【ENTER】(回车)键，通过数字键实现位置寄存器数值的初始化设置，如图 5-23 所示。

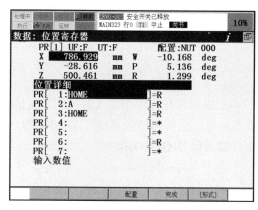 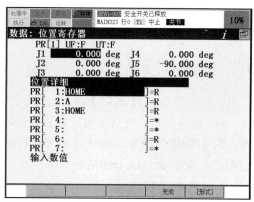

(a)【REPRE】下的 Cartesian 正交   (b)【REPRE】下的 Joint 关节

图 5-23   【REPRE】下的 Cartesian(正交)和 Joint(关节)

(7) 把光标移至数据处，可以用数字键直接修改数据。其中"UF：F   UT：F"表示可以在任何工具和用户坐标系中执行。

★例题 1 从机器人当前位置开始走边长为 100 mm 的正方形轨迹。

1:   PR[11] = LPOS

2:   PR[12] = PR[11]

3:   PR[12，1] = PR[11，1] + 100

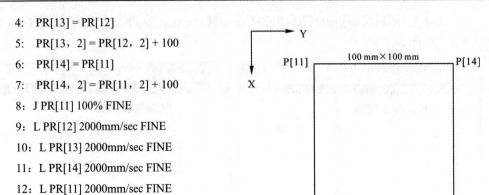

4：　PR[13] = PR[12]

5：　PR[13，2] = PR[12，2] + 100

6：　PR[14] = PR[11]

7：　PR[14，2] = PR[11，2] + 100

8：J PR[11] 100% FINE

9：L PR[12] 2000mm/sec FINE

10：L PR[13] 2000mm/sec FINE

11：L PR[14] 2000mm/sec FINE

12：L PR[11] 2000mm/sec FINE

[END]

例题说明：

① PR[1] = LPOS(或 JPOS)表示执行该行程序时，将机器人当前位置保存至 PR[1]中，并且以直角(或关节)坐标形式显示出来。

② PR[1，1] = PR[1，1] + 100 表示将 PR[1]的第 1 个元素自加 100。

③ PR[1，1] = PR[2，3] + 100 表示将 PR[2]中的第 3 个元素加 100 赋值给 PR[1]的第 1 个元素。

步骤提示：

① 创建程序：Test1。

② 进入编辑界面，按 F1【INST】(指令)键。

③ 1 至 7 行：选择【Registers】(寄存器)项，按【ENTER】(回车)键确认进行指令框架选择。

④ 8 至 12 行：按【SHIFT】+【POINT】(点)键记录任意位置后，把光标移到 P[ ]标号处，再按 F4【CHOICE】(选择)键选择 PR[ ]，并输入适当的寄存器位置号。

5.4.2　I/O(信号)指令

可通过示教器 F1【INST】(指令)键，选择 I/O，以实现在程序中加入对应的 I/O(信号)指令。I/O 指令用来改变信号输出状态和接收输入信号，主要包括数字信号(DI/DO)指令、机器人信号(RI/RO)指令、模拟信号(AI/AO)指令、群组信号(GI/GO)指令。

例如，数字信号(DI/DO)指令如下：

　　R[i] = DI[i]

　　DO[i] = (Value)

　　　　　　Value–ON　　//发出信号

　　　　　　Value=OFF　　//关闭信号

　　DO[i]=PULSE，(Width)　　Width=脉冲宽度(0.1 s to 25.5 s)

★例题 2　将工件从 A 位置搬到 B 位置。

1：J　PR[1: HOME]　100%　FINE

2：L　P[1]　2000mm/sec　CNT50

3：L　P[2]　2000mm/sec　FINE

4：RO[1] = ON　　　　//手爪关闭，抓取工件

5：WAIT 0.5sec

6：L　P[1]　2000mm/sec　CNT50

7：L　P[3]　2000mm/sec　CNT50

8：L　P[4]　2000mm/sec　FINE

9：RO[1] = OFF　　　　//手爪打开，放置工件

10：WAIT 0.5sec

11：L P[3] 2000mm/sec CNT50

12：J PR[1：HOME]　100%　FINE

[END]

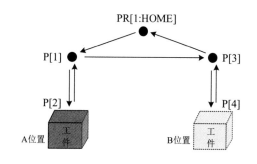

5.4.3　条件比较指令 IF

可通过示教器 F1【INST】(指令)键选择【IF/SELECT】，以实现在程序中加入对应的条件比较指令。若条件满足，则转移到所指定的跳跃指令或子程序调用指令；若条件不满足，则执行下一条指令。条件比较指令具体如下：

IF	(variable) 变量	(operator) 运算符	(value)， 值	(Processing) 行为
	R[i]	>　>=	Constant（常数）	JMP LBL[i]
	I/O	=　<=	R[i]	Call（program）
		<　<>	ON、OFF	

可以通过逻辑运算符"or"(或)和"and"(与)将多个条件组合在一起，但是"or"(或)和"and"(与)不能在同一行中使用。例如："IF〈条件 1〉and(条件 2)and(条件 3)"是正确的，"IF〈条件 1〉and(条件 2)or(条件 3)"是错误的。

具体示例如下：

(1) IF R[1]<3, JMP LBL[1]

如果满足 R[1]的值小于 3 的条件，则跳转到标签 1 处。

(2) IF DI[1]=ON, CALL TEST

如果满足 DI[1]等于 ON 的条件，则调用程序 TEST1。

(3) IF R[1]<=3 AND DI[1]〈〉ON, JMP LBL[2]

如果满足 R[1]的值小于等于 3 并且 DI[1]不等于 ON 的条件，则跳转到标签 2 处。

(4) IF R[1]>=3 OR DI[1]=ON, CALL TEST2

如果满足 R[1]的值大于等于 3 或者 DI[1]等于 ON 的条件，则调用程序 TEST2。

★例题 3　运动轨迹循环三次。

1：J PR[1：HOME] 100% FINE

2：R[1]=0　　　　　　//寄存器清 0；

3：LBL[1]　　　　　　　　//标签 1

4：L P[1] 1000mm/sec FINE

5：L P[2] 1000mm/sec FINE

6：L P[3] 1000mm/sec FINE

7：L P[4] 1000mm/sec FINE

8：R[1]=R[1] + 1　　　　　　//计算运行次数

9：IF R[1]<3, JMP LBL[1] //如果 R[1]小于 3，那么跳转至标签 1；

10：J PR[1：HOME] 100% FINE

[END]

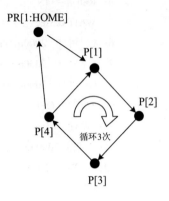

5.4.4　条件选择指令 SELECT

条件选择指令是指根据寄存器的值转移到所指定的跳跃指令或子程序调用指令，具体如下：

SELECT R[i] = (Value) (Processing)

　　　　　 = (Value) (Processing)

　　　　　 = (Value) (Processing)

　　ELSE　(Processing)

注意　(1) Value：值为 R[ ]或 Constant(常数)。

(2) Processing：行为 JMP LBL [i] 或 Call(program)。

(3) 只能用寄存器进行条件选择。

例如：

SELECT R[1]=1，CALL TEST1　//满足条件 R[1] = 1，调用 TEST1 程序

　　　　=2，JMP LBL[1]　　//满足条件 R[1] = 2，跳转到 LBL[1]执行程序

　　　　ELSE，JMP LBL[2]　//否则，跳转到 LBL[2]执行程序

★**例题 4**　条件选择。

1：J　PR[1：HOME]　100%　FINE

2：L　P[1]　2000mm/sec　CNT50

3：SELECT R[1] = 1，CALL JOB1

4：　　　　 = 2，CALL JOB2

5：　　　　 = 3，CALL JOB3

6：　　　　　　ELSE，JMP LBL[10]

7：L　P[1]　2000mm/sec　CNT50

8：J　PR[1：HOME]　100%　FINE

9：END

10：LBL[10]

11：R[100] = R[100] + 1

[END]

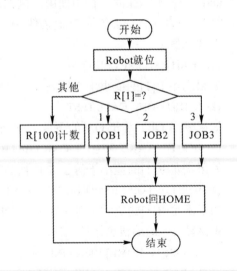

5.4.5 等待指令 WAIT

可通过示教器 F1【INST】(指令)键选择【JMP/LBL】，以实现在程序中加入 WAIT 指令，并可在所指定的时间或条件得到满足之前使程序的执行处于待命状态。等待指令具体如下：

WAIT	（variable）	（operator）	（value）	TIMEOUT LBL[i]
	Constant	>	Constant	
	R[i]	>=	R[i]	
	AI/AO	=	ON	
	GI/GO	<=	OFF	
	DI/DO	<		
	UI/UO	<>		

当 WAIT 程序在运行中遇到不满足条件的等待语句时，会一直处于等待状态。这种情况下可采取以下处理措施：

(1) 通过逻辑运算符"or"(或)和"and"(与)将多个条件组合在一起，但是"or"(或)和"and"(与)不能在同一行使用。

(2) 通过按【FCTN】(功能)键后，选择 7【RELEASE WAIT】(解除等待)跳过等待语句，并在下一个语句处等待。

例如：

(1) 程序等待指定时间。

　　WAIT 2.00 sec 　　//等待 2 s 后，程序继续往下执行

(2) 程序等待指定信号，如果信号不满足，程序将一直处于等待状态。

　　WAIT DI[1]=ON 　　//等待 DI[1]信号为 ON，否则，机器人程序一直停留在本行

(3) 程序等待指定信号，如果信号在指定时间内不满足，程序将跳转至标签，超时时间由参数$WAITTMOUT 指定，参数指令在其他指令中。

　　$WAITTMOUT=200 　　//超时时间为 2 s

　　WAIT DI[1]=ON TIMEOUT，LBL[1] 　　//等待 DI[1]信号为 ON，若 2 s 内信号没有为 ON，
　　　　　　　　　　　　　　　　　　　　　　　　　　则跳转至标签 1

★例题 5 　等待超时应用。

1： J　PR[1：HOME]　100%　　FINE

2： L　P[1]　2000mm/sec　CNT50

3： L　P[2]　2000mm/sec FINE

4： $WAITTMOUT=200

5： WAIT DI[101]=ON TIMEOUT，LBL[1]
　　　　　　　//等待机床门开信号

6： CALL　UL_MC1　//机床内取件程序

7： DO[100]=ON

8： END

9： LBL [1]

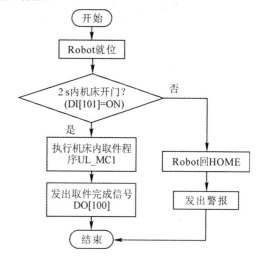

　　10：　L P[1] 2000mm/sec CNT50

　　11：　L PR[1：HOME] 2000mm/sec FINE

　　12：　UALM[1]　　　　　　　//用户报警

　　[END]

5.4.6　标签指令/跳跃指令　LBL [i] /JMP LBL [i]

可通过示教器 F1【INST】(指令)键选择【LBL/JMP】，以实现在程序中加入 LBL 指令。

标签指令：用来表示程序转移目的地的指令。

　　LBL [i ：　Comment]

i ：　1～32 766。

跳跃指令：转移到所指定的标签的指令。

　　JMP LBL [i]

i ：　1～32 766　(跳转到标签 i 处)。

例如：

无条件跳转 JMP LBL[10] ⋮ LBL[10]	有条件跳转 LBL[10] ⋮ IF… , JMP LBL[10]

5.4.7　程序调用指令 CALL

可通过示教器 F1【INST】(指令)键选择【CALL】(调用)，以实现在程序中加入调用指令。

调用指令 CALL：使程序的执行转移到其他程序(子程序)的第 1 行后执行该程序。被调用的程序执行结束时，返回到主程序调用指令后的指令。

　　Call (Program)　　Program ：　程序名

★例题6　循环调用程序 TEST0001 三次。

　　1：　R[1]=0　　//此处，R[1]表示计数器，R[1]的值应先清 0

　　2：　J P[1：HOME] 100% FINE　　　//回 HOME 点

　　3：　LBL[1]　　　　　　　　　　//标签 1

　　4：　CALL TEST0001　　　　　　//调用程序 TEST0001

　　5：　R[1] = R[1] + 1　　　　　　//R[1]自加 1

　　6：　IF R[1]<3, JMP LBL[1]　　　//如果 R[1]小于 3，那么光标

　　　　　　　　　　　　　　　　　　//跳转至 LBL[1]处，执行程序

　　7：　J P[1：HOME] 100% FINE　　　//回 HOME 点

　　[END]

5.4.8 循环指令 FOR/ENDFOR

可通过示教器 F1【INST】(指令)键选择【FOR/ENDFOR】(循环指令)，以实现在程序中加入 FOR 指令。

通过用 FOR 指令和 ENDFOR 指令可包围需要循环的区间，根据由 FOR 指令指定的值，确定循环的次数。

  FOR R[i]=(value)TO (value)

  FOR R[i]=(value)DOWNTO (value)

Value：值为 R[]或 Constant(常数)，范围为 $-32\ 767\sim32\ 766$ 的整数。

★例题 7　循环 5 次执行轨迹。

  1：FOR R[1]=5 DOWNTO 1

  2：L P[1] 100mm/sec CNT100

  3：L P[2] 100mm/sec CNT100

  4：L P[3] 100mm/sec CNT100

  5：ENDFOR

或

  1：FOR R[1]=1 TO 5

  2：L P[1] 100mm/sec CNT100

  3：L P[2] 100mm/sec CNT100

  4：L P[3] 100mm/sec CNT100

  5：ENDFOR

5.4.9 位置补偿条件指令/位置补偿指令

可通过示教器 F1【INST】(指令)键选择【Offset/Frames】(偏移/坐标系)，按【ENTER】(回车)键确认，再选择【OFFSET CONDITION】(偏移条件)项，按【ENTER】(回车)键确认，以实现在程序中加入位置补偿条件指令。

位置补偿条件指令：OFFSET CONDITION PR[i]/(偏移条件　PR[i])。

位置补偿指令：OFFSET(偏移)。

偏移指令：OFFSET，PR[i](偏移，PR[i])。

通过上述指令可以将原有的点偏移，偏移量由位置寄存器决定。位置补偿条件指令一直有效到程序运行结束或者下一个位置补偿条件指令被执行，且只对包含有控制动作指令 OFFSET(偏移)的动作语句有效。

在程序编写过程中，位置补偿有以下两种书写格式：

(1) 在所需要偏移的点后面添加偏移指令 offset，以及添加偏移对应的位置寄存器，该位置寄存器的数据仅对该点有效。例如：

  1：J P[1] 100% FINE

  2：L P[2] 500mm/sec FINE offset，PR[1]

(2) 在程序开始时即申明偏移所对应的位置寄存器，该位置寄存器的数据对下面所有的 offset 程序段的指令有效。例如：

　　1： OFFSET CONDITION PR[1]

　　2： J P[1] 100% FINE

　　3： L P[2] 500mm/sec FINE offset

实际编程过程中，可依据加工工艺要求灵活应用 offset 的两种书写格式。例如，为下面的原始程序添加偏移指令 offset，虽然两种 offset 指令书写格式不同，但其执行效果相同。

原始程序如下：

　　1：J P[1]　100％　FINE

　　2：L P[2]　500mm/sec　FINE

　　3：L P[3]　500mm/sec　FINE

表示机器人从 P[1]点出发、经过 P[2]点、达到 P[3]点的运动轨迹，即

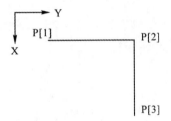

偏移指令 1 如下：

　　1： OFFSET　CONDITION　PR[10]

　　2： J　P[1]　100％　FINE

　　3： L　P[2]　500mm/sec　FINE　offset

　　4： L　P[3]　500mm/sec　FINE

偏移指令 2 如下：

　　1： J　P[1]　100％　FINE

　　2： L　P[2]　500mm/sec　FINE　offset, PR[10]

　　3： L　P[3]　500mm/sec　FINE

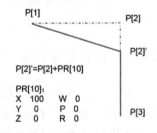

两种偏移指令均实现了机器人在运行 P[2]点指令时，P[2]点位置数据发生了改变，P[2]点在 X 正方向偏移了 100，机器人从 P[1]点出发运动到了 P[2]'点。

★例题 8　机器人从 PR[1]出发，执行正方形轨迹，并最终返回 PR[1]。该过程循环三次，第一次在 1 号区域，第二次在 2 号区域，第三次在 3 号区域。

　　1： J　PR[1: HOME]　100%F　INE

　　2： OFFSET　CONDITION　PR[20]

　　3： CALL　PR_　INITIAL

　　4： LBL[1]

　　5： L　P[1]　2000mm/sec　FINE　offset

　　6： L　P[2]　2000mm/sec　FINE　offset

　　7： L　P[3]　2000mm/sec　FINE　offset

　　8： L　P[4]　2000mm/sec　FINE　offset

9：L   P[1]   2000mm/sec   FINE   offset

10：J   PR[1：HOME]   100%   FINE

11：PR[20,1] = PR[20,1] + 60 偏移量 X 坐标累加 60 mm

12：R[1] = PR[20,1]

13：IF   R[1]<=120，JMP LBL[1]

[END]

PR_INITIAL：

1：PR[20] = LPOS

2：PR[20,1] = 0

3：PR[20,2] = 0

4：PR[20,3] = 0

5：PR[20,4] = 0

6：PR[20,5] = 0

7：PR[20,6] = 0

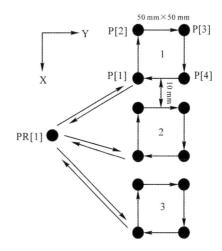

5.4.10   工具/用户坐标系调用指令

可通过示教器 F1【INST】(指令)键选择【Offset/Frames】(偏移/坐标系)，按【ENTER】(回车)键确认；或选择 UTOOL_NUM(工具坐标系编号)或 UFRAME_NUM(用户坐标系编号)，按【ENTER】(回车)键确认，以实现在程序中加入坐标系调用指令。

(1) 工具坐标系选择指令：改变当前所选的工具坐标系编号(1～10)。

(2) 用户坐标系选择指令：改变当前所选的用户坐标系编号(0～9)。

1：UTOOL_NUM=1   //程序执行该行时，当前 TOOL 坐标系编号会激活为 1 号

2：UFRAME_NUM=2   //程序执行该行时，当前 USER 坐标系编号会激活为 2 号

★例题 9   程序前后位置点使用了不同的坐标系编号的处理方法。

1：   UTOOL_NUM = 1

2：   UFRAME_NUM = 1

3：   J P[1] 20% CNT20

4：   J P[2] 20% FINE

5：   UTOOL_NUM = 2

6：   UFRAME_NUM = 0

7：   J P[3] 20% CNT20

8：   J P[4] 20% CNT20

[END]

点 P[1]使用的工具和用户坐标系如下：

P[1]	UF：1 UT：1		配置：NUT 000	
X	1624.299	mm W	180.000	deg
Y	0.000	mm P	-8.640	deg
Z	1087.440	mm R	0.000	deg

点 P[3]使用的工具和用户坐标系如下：

```
P[3] UF:0  UT:2           配置:NUT 000
X    1000.000  mm   W    180.000  deg
Y       0.000  mm   P     -8.640  deg
Z    1087.440  mm   R      0.000  deg
```

5.4.11　其他指令

可通过示教器 F1【INST】(指令)键，选择【Miscellaneous】(其他)，按【ENTER】(回车)键，并选择所需指令项，以实现其他指令的调用，这些指令主要包括用户报警指令(UALM[i])、计时器指令(TIMER[i])、速度倍率指令(OVERRIDE)、注释指令(!(Remark))、消息指令(Message[message])、参数指令(Parameter name)等几种类型。

(1) 用户报警指令。

　　UALM[i]

i：用户报警号。

① 当程序中执行该指令时，机器人会报警并显示报警消息。

② 使用该指令时，首先要设置用户报警。

③ 依次按键选择【MENU】(菜单)—【SETUP】(设置)—F1【TYPE】(类型)—【User alarm】(用户报警)即可进入用户报警设置画面，如图 5-24 所示。

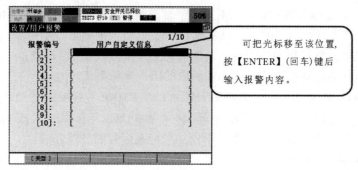

图 5-24　用户报警设置

(2) 计时器指令。

　　TIMER[i] = (Processing)

i ：计时器号。

　　Processing：START，STOP，RESET。

TIMER[1] = RESET　　　　　　//计时器清 0

TIMER[1] = START　　　　　　//计时器开始计时
:
TIMER[1] = STOP　　　　　　//计时器停止计时

查看计时器时间步骤如下：

① 依次按键选择【MENU】(菜单) — 0 NEXT(下页) —【STATUS】(状态) — F1【TYPE】(类型)。

② 选择【Prg Timer】(程序计时器)即可进入程序计时器一览界面，如图 5-25 所示。

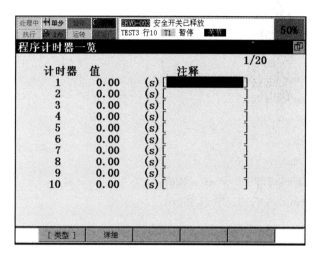

图 5-25　程序计时器一览界面

(3) 速度倍率指令。

　　OVERRIDE=(value)%

value：1～100。

(4) 注释指令。

　　! (Remark)

Remark：注解，最多可以有 32 字符。

(5) 消息指令。

　　Message [message]

message：消息，最多可以有 24 字符。

当程序中运行该指令时，屏幕中将会弹出含有 message 的界面。

(6) 参数指令。

　　Parameter name

　　$(参数名) = value

参数名需手动输入，value 值为 R[]、常数、PR[]。

　　Value = $(参数名)

参数名需手动输入，value 值为 R[]、PR[]。

★例题 10　将工件从 1 号位置依次搬运至 2、3、4 号位置。

　　1：TIMER[1]=RESET

　　2：TIMER[1]=START

　　3：UTOOL_NUM=1

　　4：UFRAME_NUM=1

　　5：OVERRIDE=30%

　　6：R[1]=0

　　7：PR[6]=LPOS

　　8：PR[6]=PR[6]-PR[6]

　　9：J PR[1：HOME] 100% FINE

10：RO[1]=ON

11：WAIT 0.5sec

12：LBL[1]

13：L P[1] 1000mm/sec FINE

14：L P[2] 1000mm/sec FINE

15：RO[1]=OFF

16：WAIT 0.5sec

17：L P[1] 1000mm/sec FINE

18：L P[3] 1000mm/sec FINE offset，PR[6]

19：L P[4] 1000mm/sec FINE offset，PR[6]

20：RO[1]=ON

21：L P[3] 1000mm/sec FINE offset，PR[6]

22：R[1]=R[1]+1

23：PR[6，1]=PR[6，1]+60

24：IF R[1]<3，　JMP LBL[1]

25：J PR[1：HOME] 100% FINE

26：Message [PART1 FINISH]

27：TIMER[1]=STOP

28：! PART1 FINISHED

[END]

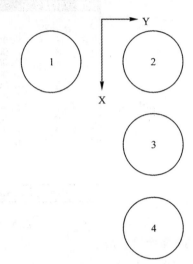

5.5　项目五：工具更换编程

5.5.1　项目要求

(1) 掌握动作指令的使用方法。

(2) 掌握指令的编辑方法。

(3) 掌握工具更换编程的技巧。

5.5.2　实践须知

实操训练过程中应融入工匠精神的元素。工匠精神是指工匠对自己的产品精雕细琢、精益求精的精神理念。需要从业者不仅具有高超的技艺和精湛的技能，而且要有严谨、细致、专注和负责的工作态度，以及对职业的认同感、责任感、荣誉感和使命感。在机器人示教过程中，特别是在示教目标点时，对学生的专注度、耐心度、细致度的要求都非常高。例如，在"工具更换"项目实操中，若学生对示教器摇杆不够熟练，则会发生因少许偏差而导致机器人第六轴法兰盘与工具碰撞或卡死的现象，导致学生产生畏难失落情绪。学生需掌握"先粗调接近，再微调贴合"的操作技巧。学习机器人调试技能没有捷径可走，只有"静下心，细观察，练手感"，打牢扎实的示教器使用基本功，才能让眼睛变得锐利，做到得心应手地调试机器人。

情境设置：实现由简单到复杂，由单一到综合的递进过程。在情境(工具更换)中构建了装工具、卸工具和装卸一体化的学习领域，帮助学生了解 HOME 点、过渡点、趋近点、拾取点、回退点的概念，明白直线命令 L 和关节命令 J 之间的区别，知道动作命令加 WAIT 指令的重要性。培养学生精雕细琢、精益求精、专心致志、勇于创新的工匠精神。情境设置如图 5-26 所示。

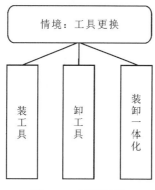

图 5-26　情境设置

5.5.3　装卸一体化

实现工具的更换需要使用快速交换接头。快速交换接头由两部分组成：一是安装在机器人末端法兰盘上的快换接头，如图 5-27(a)所示；二是安装在工具端的连接器，如图 5-27(b)所示。

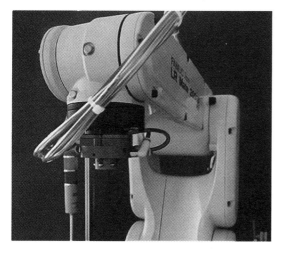

(a) 法兰盘上的快换接头　　　　　　　　　　(b) 工具端连接器

图 5-27　快速交换接头

定位可通过装在快换接头上的定位销与工具端连接的定位销孔进行。安装工具时，机器人端快换接头的气动活塞如图 5-28 所示,向下推动钢珠球进入工具端连接器的锁紧环中,钢珠球卡在锁紧环中使机器人端快换接头与工具端连接器紧密结合；放下工具时，气体驱动活塞向上运动，钢珠球在弹力作用下与工具端连接器的锁紧环脱离。

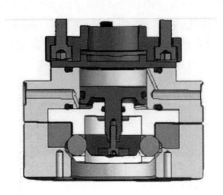

图 5-28　快换接头的气动活塞

机器人工作站的工具架上有多种工具，包括夹爪工具、吸盘工具和笔形工具，实践中要求完成其中一种工具拾取和放下的编程。机器人运动点位如图 5-29 所示，黑色路线是机器人更换工具的轨迹，首先机器人移动到工具架正上方安全点，然后移动到夹爪工具上方，再移动到夹爪工具拾取点上方，最后移动到拾取点，置位更换工具信号，使机器人抓取工具，再把工具从工具架里取出来，回到 HOME 点位置。

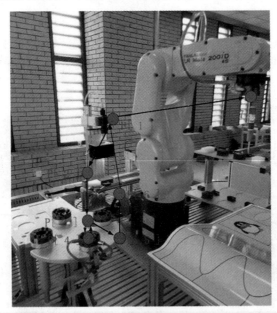

图 5-29　机器人运动点位

这里以拾取夹爪工具和放下夹爪工具的编程为例，介绍拾取夹爪工具的编程步骤：

(1) 将模式开关置于 1 挡。

(2) 开机，速度倍率不得超过 30%。

(3) 创建程序(程序名为 JZS)，进入到编程界面(拾取其他工具的程序命名方式相同，如吸盘拾取命名为 XPS，笔形工具 1 拾取命名为 BX1S，笔形工具 2 拾取命名为 BX2S)。

(4) 激活 8 号工具坐标系和 0 号用户坐标系。

5.5.4 程序编辑

(1) 点动机器人，移动到工具架上方，作为拾取工具和放置工具的安全位置，按F1【点】键，添加一条 J 指令，工具上方的位置被记录在数据 P[1](安全出发点)中，将速度设置为 20%，定位类型设置成 FINE。

(2) 初始化 I/O 信号，按【NEXT】键找到【指令】，按 F1【点】键，添加 I/O 指令，即 RO[1] = ON 和 RO[2] = OFF，使快换接头保持未拾取工具的状态。

(3) 点动机器人，移动到夹爪工具的上方，按住【SHIFT】+ F1【点】键，继续添加 J 指令，工具上方的位置被记录在数据 P[2](过渡点)中，将速度设置为 20%，定位类型设置成 FINE。

(4) 点动机器人，移动到夹爪工具拾取点的上方，按 F1【点】键，选择添加 L 指令，拾取点上方的位置被记录在数据 P[3](接近点)中，将速度设置为 50 mm/s。

(5) 点动机器人，示教到夹爪工具拾取点，注意要将快换接头与工具端连接器对准(可以通过观察定位销与孔的位置来判断)。示教完成后按住【SHIFT】+ F1【点】键，直接添加一条 L 指令，位置被记录在数据 P[4](拾取点)中，将速度设置为 30 mm/s。

(6) 按下【NEXT】键选择【指令】，按 F1【点】键，添加 WAIT 时间等待指令，等待 0.5 s，然后添加 I/O 指令，即 RO[1] = OFF 和 RO[2] = ON，使快换接头动作拾取工具，最后添加 WAIT 时间等待指令，等待 0.5 s。

(7) 按住【SHIFT】+ F1【点】键，直接添加一条 L 指令，将位置数据 P[5]更改为 P[3](逃离点)，将速度更改为 50 mm/s(或者直接复制粘贴 P[3]位置的指令)。

(8) 点动机器人，向 X 正方向移动，示教到能够将夹爪工具移出工具架的位置，按住【SHIFT】+ F1【点】键，直接添加一条 L 指令，将位置数据更改为 P[5](回退点)，速度设置为 80 mm/s。

(9) 点动机器人，向上移动一定的距离(大概 100 mm)，按住【SHIFT】+ F1【点】键，直接添加一条 L 指令，将位置数据更改为 P[6](回退点)，速度设置为 100 mm/s。

(10) 按【NEXT】键选择【编辑】，利用复制功能，将 P[1]指令复制粘贴到下方，使机器人运动到工具架上方的安全位置。

(11) 按 F1【点】键，选择添加 J 指令，将速度设置为 20%，移动光标到 P[7]上，依次按键选择 F4【位置】— F5【形式】— 选择【关节】，将 P[7]的各值(J1～J6)按照 HOME 点位置数据(J1 = 0.000，J2 = 0.000，J3 = 0.000，J4 = 0.000，J5 = -90.000，J6 = 0.000)更改，更改后按【完成】即可。

整体程序如下：

```
1：J P[1] 20%   FINE          //安全出发点
2：RO[1]=ON
3：RO[2]=OFF
4：J P[2] 20%   FINE          //过渡点
5：L P[3] 50mm/sec   FINE     //接近点
6：L P[4] 30mm/sec   FINE     //拾取点
7：WAIT     0.50sec
```

8：RO[1]=OFF

9：RO[2]=ON

10：WAIT　　0.50sec

11：L P[3] 50 mm/sec　　FINE　　//逃离点 1

12：L P[5] 80 mm/sec　　FINE　　//逃离点 2

13：L P[6] 100mm/sec　FINE　　//逃离点 3

14：J P[1] 20%　FINE　　　　　//安全出发点

15：J P[7] 20%　FINE　　　　　　//HOME 点

[END]

(12) 机器人放置夹爪工具，与拾取时位置顺序相反，并且放置夹爪工具时，置快换接头动作的信号为 RO1 = ON、RO2 = OFF，通过复制/剪切、删除等操作，完成放置夹爪工具的编程。

整体程序如下：

1：J P[1] 20%　FINE

2：L P[6] 100mm/sec　　FINE

3：L P[5] 80mm/sec　　FINE

4：L P[3] 50mm/sec　　FINE

5：L P[4] 30mm/sec　　FINE

6：WAIT　　0.50sec

7：RO[1]=ON

8：RO[2]=OFF

9：WAIT　　0.50sec

10：L P[3] 50mm/sec　FINE

11：J P[2] 20%　FINE

12：J P[1] 20%　FINE

13：J P[7] 20%　FINE

[END]

(13) 程序编辑完成后，先单步执行程序，确认没有问题再连续执行程序，拾取放置其他三种工具的编程方法与此类似，请完成其他编程。

5.6　项目六：OFFSET 控制指令

5.6.1　项目要求

(1) 理解寄存器指令、信号指令、条件比较指令、条件选择指令、等待指令、跳转/标签指令、呼叫指令、循环指令、偏移条件指令、工具坐标系调用指令、用户坐标系调用指令等。

(2) 掌握以上指令的编辑和应用。

5.6.2 实践须知

实操训练过程中应融入科学精神的元素。科学精神是人们在长期科学实践活动中形成的共同信念、价值标准和行为规范。求真、质疑、合作、开放是科学精神的重要内涵，要善于发现问题、提出问题；不迷信学术权威、不盲从，对既有学说应大胆质疑、实验求证。在"OFFSET"项目实操中，学生往往会出现偏移方向不正确、偏移位置和偏移次数不准确等问题。本着批判质疑、勇于探索的科学精神，应检查是否采用了正确的用户坐标系，是否输入了正确的偏移距离，是否添加了正确的 OFFSET 指令，是否设定了正确的循环次数等。运用科学的思维方式认识事物、解决问题，有助于帮助学生养成严谨细致的工作作风。

情境设置：在重复的工作过程中逐步融入能力模块，在情境(OFFSET)中构建了相对位置偏移、集散偏移和平行偏移的学习领域。在 OFFSET 情境中，逐步使用坐标系指令、速度倍率指令、启动计时器指令、开启消息指令等，培养学生的独立思考意识，使其树立坚毅的人格，学习能力不断提升，学习积极性不断提高。情境设置如图 5-30 所示。

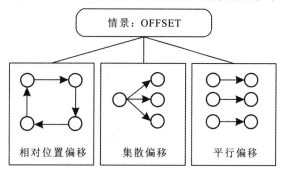

图 5-30 情境设置

5.6.3 平行偏移

取 2 个长方体工件分别放置于物料盘上，如图 5-31 所示工件搬运图的位置 1 和位置 3 处，使用 8 号工具坐标系、8 号用户坐标系，速度倍率设置为 30%，将工件从位置 1 搬到位置 2，从位置 3 搬到位置 4，使用 TIMR[1]记录程序执行时间。

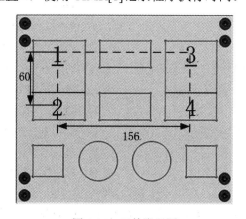

图 5-31 工件搬运图

5.6.4　程序编辑

(1) 程序清单。

行	指令	注释
1：	TIMER[1]=RESET	//将 1 号计时器清空
2：	TIMER[1]=START	//启动 1 号计时器
3：	UTOOL_NUM=8	//调用 8 号工具坐标系
4：	UFRAME_NUM=8	//调用 8 号用户坐标系
5：	OVERRIDE=30%	//设定程序执行时的速度倍率为 30%
6：	PR[10]=LPOS	//PR[10]等于当前位置值
7：	PR[10]=PR[10]-PR[10]	//PR[10]数据清零
8：	CALL HOME	//呼叫 HOME 程序
9：	R[1]=0	//将 1 号数值寄存器置 0
10：	DO[101]=OFF	//吸盘释放(初始化吸盘)
11：	WAIT 0.5sec	
12：	LBL[1]	//设定标签 LBL1
13：	OFFSET CONDITION PR[10]	//设置偏移数据存储于 PR[10]
14：	J P[1] 30%　FINE	//HOME 位置到工件上方过渡点
15：	L P[2]1000mm/sec FINE OFFSET	//工件抓取接近点，并在动指令后添加偏移指令 OFFSET
16：	L P[3]1000mm/sec FINE OFFSET	//工件抓取点，并在动作指令后添加偏移指令 OFFSET
17:	DO[101]=ON	//吸盘吸取
18：	WAIT 0.5sec	
19:	L P[2]1000mm/sec FINE OFFSET	//返回工件抓取接近点，并在动作指令后添加偏移指令 OFFSET
20：	L P[4]1000mm/sec FINE OFFSET	//工件放置接近点，并在动作指令后添加偏移指令 OFFSET
21：	L P[5]1000mm/sec FINE OFFSET	//工件放置点，并在动作指令后添加偏移指令 OFFSET
22：	DO[101]=OFF	//吸盘释放
23：	WAIT 0.5sec	
24：	L P[4]1000mm/sec FINE OFFSET	//返回示教工件放置接近点，并在动作指令后添加偏移指令 OFFSET
25：	R[1]=R[1]+1	//累加 1 号数值寄存器：R[1]的值等于 R[1]的值加常数 1
26：	PR[10，1]=PR[10，1]+156	//PR[10]的 X 方向加 156 mm
27：	IF R[1]<2，JMP LBL[1]	//如果 1 号数值寄存器的值小于 2，则跳转到 1 号标签处开始执行
28.	J P[1] 30%　FINE	//返回工件上方过渡点
29：	CALL HOME	//呼叫 HOME 程序
30：	Message[FINISH]	//当执行到该语句时,屏幕会跳出 USER 界面,显示 Message 内容：FINISH
31：	TIMER[1]=STOP	//停止 1 号计时器
32：	! PART1 FINISHED	//注释：PART1 FINISHED
	[END]	//结束

(2) 操作结束，将工件放置好，将机器人恢复至 HOME 点位置。

(3) OFFSET 偏移的方向参考的是_____坐标系。

(4) 单步低速执行程序，确认程序没有问题。

(5) 连续执行程序，记录程序执行时间：_____。

(6) 自动运行程序。

5.7 科普小课堂

掌握核心技术、拒绝被卡脖——中国工业机器人崛起

凭借先发优势和技术积淀，发那科、安川、ABB 以及库卡四大品牌占据了国内工业机器人市场很高的份额，尤其是在高端工业机器人领域，占据着我国 90%以上市场。我国由于精密减速机(见图 5-32)、控制器、伺服系统以及高性能驱动器等关键零部件核心技术不足，国产自主品牌工业机器人在市场的整体竞争力还不高。但是在我国企业的努力下，我们在工业机器人领域也取得了很大的成就，已经可以生产出部分机器人关键元器件，开发出搬运、码垛、装配、点焊、弧焊、喷漆、冲压等工业机器人。可以看到，我国与国外先进技术的差距正快速缩小，以技术创新为剑，逐渐突破外资技术的封锁。

图 5-32　减速机

我国工业机器人龙头企业艾斯顿(ESTUN)(见图 5-33)，在 2012 年就推出了首款机器人，除了在核心部件减速器的使用上是半进口和半国产化的状态，其余的核心部件大部分实现了国产化。国内其余工业机器人企业也都在逐步扩大自己的国产化生产领域，也就意味着不需要国外核心部件的情况下，我国国内的厂商也可以形成完整的工业机器人生产体系。

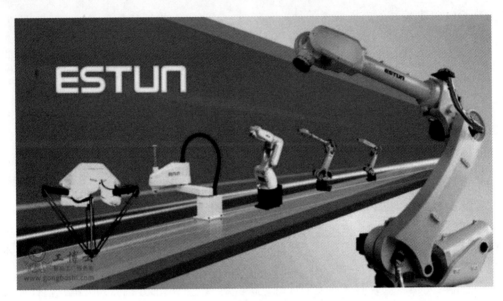

图 5-33　艾斯顿(ESTUN)

2011~2020 年，我国工业机器人销量复合增速达 25.1%，其中国产工业机器人销量由约 800 台增加至约 5 万台，复合增长率达 58.3%，高于国内整体销量增速约 33 个百分点。过去五年国内工业机器人出货量增加约 6 倍，增速明显。

科技是第一生产力，让我们发扬工匠精神，让国产工业机器人满足行业市场的切实需要，提升智能装备制造水准，让国货走出国门，成为大国重器。

第 6 章 信 号 I/O

6.1 信号的分类

FANUC 机器人的 I/O 分为通用型 I/O(用户可以自由定义功能而使用)和专用型 I/O (功能或用途已经确定,用户不能重新定义功能的信号)。通用型 I/O 包括 DI/DO、GI/GO、AI/AO,专用型 I/O 包括 UI/UO、SI/SO、RI/RO。

(1) 通用信号:数字 I/O 属通用数字信号,经过外围设备处理,分为数字量输入 DI[i] 和数字量输出 DO[i](均有 ON 和 OFF);模拟 I/O 分为模拟量输入 AI[i] 和模拟量输出 AO[i],进行读写时,将模拟输入值转化为数字值或数字值转化为模拟输出值;群组 I/O 分为 GI[i]/GO[i],信号的值用数值(十/十六进制数)来表达,转变(或逆转变)为二进制数后通过信号线交换数据。

数字输入/输出 DI[i] / DO[i]	512 / 512
模拟输入/输出 AI[i] / AO[i]	0~8000
群组输入/输出 GI[i] / GO[i]	0~32 767

(2) 专用信号:机器人 I/O 是工业机器人作为末端执行器 I/O 被使用的机器人数字信号,分为机器人输入信号 RI[i] 和机器人输出信号 RO[i];外围设备 I/O (UI/UO)是在系统中已经确定了其用途的专用信号,分为外围设备输入信号 UI [i] 和外围设备输出信号 UO[i];操作面板 I/O 是用来操作面板或操作箱上的按钮和进行 LED 状态数据交换的数字专用信号,分为输入信号 SI[i] 和输出信号 SO[i]。

机器人输入/输出　RI[i] / RO[i]	8 / 8
外围设备输入/输出 UI[i] / UO[i]	18 / 20
操作面板输入/输出 SI[i] / SO[i]	15 / 15

6.2 信号控制

6.2.1 配置

信号配置是指建立机器人的软件端口与通信设备间的关系。其中操作面板输入/输出

SI[i]/SO[i]和机器人输入/输出 RI[i]/RO[i]为硬线连接，不需要配置。

DI[i]/DO[i]数字信号配置步骤如下：

(1) 依次按键操作【MENU】(菜单) —【I/O】(信号) — F1【Type】(类型) —【Digital】(数字)，如图 6-1 所示(DO 画面)，按 F3【IN/OUT】键可切换到 DI 画面。

(2) 按 F2【CONFIG】(定义)键，进入如图 6-2 所示画面。

(3) 按 F3【IN/OUT】(输入/输出)键可在输入/输出间切换。

(4) 按 F4【DELETE】(清除)键删除光标所在项的分配。

(5) 按 F5【HELP】(帮助)键。

(6) 按 F2【MONITOR】(状态一览)键可返回上级画面。

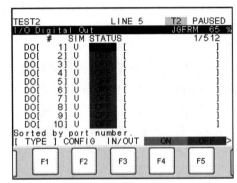

图 6-1　【Digital】(数字)窗口

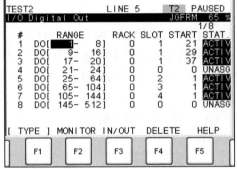

图 6-2　【CONFIG】(定义)窗口

FANUC 机器人的物理地址是由机架号和插槽号组成的，其中机架 RACK 用来定义 I/O 模块的设备种类。例如，0 代表处理 I/O 印刷电路板、I/O 连接设备连接单元，1～16 代表 I/O Unit-MODEL A/B；48 代表 R-30iB Mate 的主板(CRMA15、CRMA16)。插槽 SLOT 用来对设备的种类数进行编号，在使用 CRMA15/CRMA16 时，插槽 SLOT 号始终为 1。

确定了机架和插槽后，还需对范围 RANGE 和开始点 START 进行配置。这是 FANUC 机器人 DI[i]/DO[i]数字信号配置最关键的地方，此时控制系统包含如下 4 种状态信息：

(1) ACTIV：该设置有效，系统正在使用中。

(2) UNASG：没有分配，该范围的 I/O 点无法使用，即使调用也不会有任何反应(相当于做了一个空指令)。

(3) PEND：该分配是正确的，但是需要手动重启系统后才能生效(变为 ACTIV)。

(4) INVAL：无效分配，属于该范围内的 I/O 是不起作用的。具体如下：

RANGE(范围)：软件端口的范围，可设置。

RACK(机架)：I/O 通信设备种类。

· 0 = Process I/O board。

· 1～16 = I/O Model A/B。

· 35=被分配给始终 ON 的内部 I/O。

· 48=CRMA15/CRMA16。

SLOT(插槽)：I/O 模块的数量。

· 使用 Process I/O 板时，按与主板的连接顺序定义 SLOT 号。

- 使用 I/O Model A/B 时，SLOT 号由每个单元所连接的模块顺序确定。
- 使用 CRMA15/CRMA16 时，SLOT 号为 1。

START(开始点)：对应于软件端口的 I/O 设备起始信号位。

STAT.(状态)：

- ACTIVE：激活。
- UNASG：未分配。
- PEND：需要重启生效。
- INVALID：无效；

在 200iD 系列中，主要是对 CRMA15 和 CRMA16 进行配置。CRMA15/CRMA16 是机器人与外围设备的主要通信接口。分别使用一根 50 芯的电缆线将 CRMA15、CRMA16 接口的信号线引出，将其连接到 50 芯的端子板上后，就可以根据需要进行线路连接了，其中 200iD 系列提供了 28 个输入端口和 24 个输出端口。

CRMA15 如图 6-3 所示，从图 6-3 中可以看到，对 CRMA15 的引脚，50 个端口中有 12 个端口是未定义状态，也就是没有任何作用；而 1~16 号以及 22~25 号端口定义为输入信号 DI[101-120]，一共有 20 个输入点；33~40 号端口则定义为输出信号 DO[101-108]，一共有 8 个输入点；17、18 以及 29、30 号端口分别接 0 V 电源，49 和 50 号接 24 V 电源。

CRMA16 如图 6-4 所示，除 0 V、24 V 以及 DO[109-120]这些与 CRMA15 功能一样的端口外，还有一些比较特殊的端口，比如 1~8 号端口均是输入端口，33~36 号端口均是输出端口。实际中无须记住每个端口的功能，只需要知道哪些端口是输入、哪些端口是输出，以及它们的物理顺序，然后根据项目的需要进行灵活的配置即可。例如，图 6-4 中的 XHOLD 其实就相当于 DI121，然后依次增大序号，而 CMDENBL 就是 DO121。在配置时通常先配置系统信号 UOP，若有不用的 UOP 信号则可以分配给数字信号，从而扩充数字 I/O 的数量。

外围设备 A1

01	DI101			33	DO101
02	DI102	19	SDICOM1	34	DO102
03	DI103	20	SDICOM2	35	DO103
04	DI104	21		36	DO104
05	DI105	22	DI117	37	DO105
06	DI106	23	DI118	38	DO106
07	DI107	24	DI119	39	DO107
08	DI108	25	DI120	40	DO108
09	DI109	26		41	
10	DI110	27		42	
11	DI111	28		43	
12	DI112	29	0V	44	
13	DI113	30	0V	45	
14	DI114	31	DOSRC1	46	
15	DI115	32	DOSRC1	47	
16	DI116			48	
17	0V			49	24F
18	0V			50	24F

外围设备 A2

01	XHOLD			33	CMDENBL
02	RESET	19	SDICOM3	34	FAULT
03	START	20		35	BATALM
04	ENBL	21	DO120	36	BUSY
05	PNS1	22		37	
06	PNS2	23		38	
07	PNS3	24		39	
08	PNS4	25		40	
09		26	DO117	41	DO109
10		27	DO118	42	DO110
11		28	DO119	43	DO111
12		29	0V	44	DO112
13		30	0V	45	DO113
14		31	DOSRC2	46	DO114
15		32	DOSRC2	47	DO115
16				48	DO116
17	0V			49	24F
18	0V			50	24F

图 6-3　CRMA15　　　　　图 6-4　CRMA16

注意　(1) CRMA15 和 CRMA16 共有 28 个 DI 接口，地址可分配为 48#机架、1#插槽、1~28#开始点，其中 1~20#为 DI[101-120]，21~28#为 XHOLD、RESET、START、ENBL、PNS1、PNS2、PNS3、PNS4。

(2) CRMA15 和 CRMA16 共有 24 个 DO 接口，地址可分配为 48#机架、1#插槽、1~24#开始点，其中 1~20#为 DO[101-120]，21~24#为 CMDENBL、FAULT、BATALM、BUSY。

6.2.2　强制输出

强制输出是指给外部设备手动强制输出信号。

信号强制输出(以数字输出为例)的步骤如下:

(1) 依次按键操作【MENU】(菜单)—【I/O】(信号)—F1【Type】(类型)—【Digital】(数字)。

(2) 通过 F3【IN/OUT】(输入/输出)键选择 DO 输出界面, 如图 6-5 所示。

(3) 移动光标到要强制输出信号的 STATUS(状态)处。

(4) 按 F4【ON】(开)键强制输出, 按 F5【OFF】(关)键强制关闭, 如图 6-6 所示。

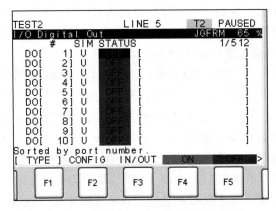

图 6-5　DO 输出界面

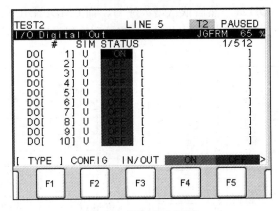

图 6-6　强制输出界面

6.2.3　仿真输入/输出

仿真输入/输出功能可以在不和外部设备通信的情况下, 内部改变信号的状态。通过这一功能可以实现在外部设备没有连接好的情况下检测信号语句。

信号仿真输入(以数字输入为例)步骤如下:

(1) 依次按键操作【MENU】(菜单)—【I/O】(信号)—F1【Type】(类型)—【Digital】(数字)。

(2) 通过 F3【IN/OUT】(输入/输出)键选择输入 DI 输入界面，如图 6-7 所示。

(3) 移动光标至要仿真信号的 SIM(仿真)项处。

(4) 按 F4【SIMULATE】(仿真)键进行仿真，如图 6-8 所示。

(5) 把光标移到 STATUS(状态)键项，按 F4【ON】(开)键、F5【OFF】(关)键切换信号状态。

(6) 移动光标至要仿真信号的 SIM(仿真)项处，按 F5【UNSIM】(解除)键取消仿真。

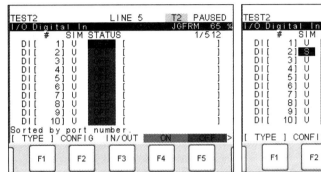

图 6-7　DI 输入界面

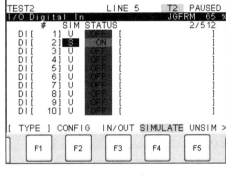

图 6-8　仿真界面

6.3　系统信号(UOP)介绍

系统信号是机器人发送和接收远端控制器或周边设备的信号，通过系统信号可以实现以下功能：

(1) 选择程序。

(2) 开始和停止程序。

(3) 从报警状态中恢复系统。

系统信号包括系统输入信号(UI)与系统输出信号(UO)，具体如下：

系统输入信号(UI)：

UI[1]　IMSTP：紧急停机信号(正常状态：ON)。

UI[2]　HOLD：暂停信号(正常状态：ON)。

UI[3]　SFSPD：安全速度信号(正常状态：ON)。

UI[4]　CYCLE STOP：周期停止信号。

UI[5]　FAULT RESET：报警复位信号。

UI[6]　START：启动信号(信号下降沿有效)。

UI[7]　HOME：回 HOME 信号(需要设置宏程序)。

UI[8]　ENABLE：使能信号。

UI[9-16]　RSR1-RSR8：机器人启动请求信号。

UI[9-16]　PNS1-PNS8：程序号选择信号。

UI[17]　PNSTROBE：PNS 滤波信号。

UI[18]　PROD_START：自动操作开始(生产开始)信号(信号下降沿有效)。

系统输出信号(UO)：

UO[1]　CMDENBL：命令使能信号输出。

UO[2]　SYSRDY：系统准备完毕输出。

UO[3]　PROGRUN：程序执行状态输出。

UO[4]　PAUSED：程序暂停状态输出。

UO[5]　HELD：暂停输出。

UO[6]　FAULT：错误输出。

UO[7]　ATPERCH：机器人就位输出。

UO[8]　TPENBL：示教盒使能输出。

UO[9]　BATALM：电池报警输出(控制柜电池电量不足，输出为 ON)。

UO[10]　BUSY：处理器忙输出。

UO[11-18] ACK1-ACK8：证实信号，当 RSR 输入信号被接收时，输出一个相应的脉冲信号。

UO[11-18] SNO1-SNO8：该信号组以 8 位二进制码表示相应的当前选中的 PNS 程序号。

UO[19]　SNACK：信号数确认输出。

UO[20]　RESERVED：预留信号。

6.4　自　动　运　行

6.4.1　执 行 条 件

(1) 设置程序自动运行方式(RSR\PNS)。

(2) TP 开关置于 OFF，非单步执行状态。

(3) 控制柜模式开关置于 AUTO 挡。

(4) 自动模式为 REMOTE(外部控制)。

(5) ENABLE UI SIGNAL(UI 信号有效、专用外部信号)：TRUE(有效、启用)。

　　注：条件(4)、(5)的设置步骤如下：

　　① 依次按键操作【MENU】(菜单) — 0【NEXT】(下一个) — 6【SYSTEM】(系统设定) — F1【TYPE】(类型) — 【CONFIG】(主要的设定)。

　　② 将【Remote/Local SETUP】(设定控制方式)设为 REMOTE。

　　③ 将 ENABLE UI SIGNAL(UI 信号有效)设为 TRUE。

(6) UI[1]- UI[3]为 ON。

(7) UI[8] *ENBL 为 ON。

(8) 系统变量$RMT_MASTER 为 0(默认值是 0)。

　　注：条件(8)的设置步骤为：依次按键操作【MENU】(菜单) — 0【NEXT】(下一个) — 6【SYSTEM】(系统设定) — F1【TYPE】(类型) — 【VARIABLES】(系统参数) — $RMT_MASTER。

　　注意　系统变量$RMT_MASTER 定义下列远端设备：

　　　　0：外围设备；　　　2：主控计算机

　　　　1：显示器/键盘；　3：无外围设备

6.4.2　RSR 自动运行方式

RSR 自动运行方式是指机器人通过启动请求信号(RSR1~RSR8)启动对应程序,此种方式下一共可以启动 8 个程序,每个启动请求信号(RSR1~RSR8)对应一个程序,其特点如下:

(1) 当一个程序正在执行或中断时, 被选择的程序处于等待状态,一旦原先的程序停止, 就开始运行被选择的程序。

(2) 只能选择 8 个程序。

RSR 的程序命名要求如下:

(1) 程序名必须为 7 位。

(2) 由 RSR+4 位程序号组成。

(3) 程序号=RSR 程序号码+基准号码(不足以 0 补齐)。

RSR 设置步骤如下:

(1) 依次按键操作【MENU】(菜单)—【SETUP】(设置)—F1【Type】(类型)—【Prog Select】(程序选择); 将光标置于如图 6-9 所示程序选择界面的第 1 项"1 选择程序方式(Program select mode):"上, 按 F4【CHOICE】键选择"RSR", 并根据提示信息重启机器人。

(2) 按 F3【DETAIL】(详细)键进入 RSR 设置界面, 如图 6-10 所示。

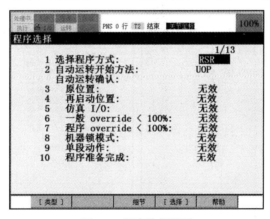

图 6-9　程序选择界面

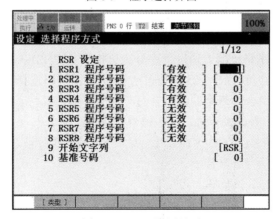

图 6-10　RSR 设置界面

(3) 将光标移到程序号码处，输入数值，并将 DISABLE(无效)改成 ENABLE(有效)。

(4) 将光标移到基准号码处，输入基准号码(可以为 0)。

例如，创建程序名为 RSR0001 的程序，如图 6-11 所示。

(1) 依次按键操作【MENU】(菜单) —【I/O】(信号) — F1【Type】(类型) —【UOP】(控制信号)，并通过 F3【IN/OUT】(输入/输出)键选择输入界面，如图 6-12、图 6-13 所示。

(2) 将系统信号 UI[9]设置为 ON，UI[9]对应 RSR1，RSR1 的程序号码为 1，基准号码为 0。

(3) 按照 RSR 程序命名要求，创建的程序为 RSR0001。

图 6-11　创建 RSR0001 程序

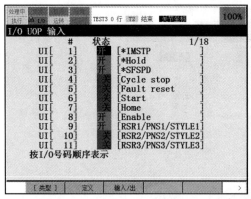

图 6-12　系统输入信号(UI[9]=ON)

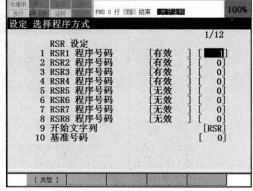

图 6-13　RSR0001 设置界面

6.4.3　PNS 自动运行方式

PNS 自动运行方式是指机器人通过程序号码选择信号(PNS1～PNS8 和 PNSTROBE)启动程序，此种方式下一共可以启动 255 个程序，8 个程序号码选择信号(PNS1～PNS8)以八位二进制形式进行编码组合，每个编码组合对应一个程序，其特点如下：

(1) 当一个程序被中断或执行时，这些信号被忽略。

(2) 自动运转启动信号(PROD_START)：从第一行开始执行被选中的程序，当一个程序被中断或执行时，这个信号不被接收。

(3) 最多可以选择 255 个程序。

远端控制方式 PNS 的程序命名要求如下：

(1) 程序名必须为 7 位。

(2) 由 PNS + 4 位程序号组成。

(3) 程序号 = PNS 号 + 基准号码(不足以 0 补齐)。

PNS 设置步骤如下：

(1) 依次按键操作【MENU】(菜单) —【SETUP】(设置) — F1【Type】(类型) —【Prog Select】(程序选择)，将光标置于如图 6-14 所示程序选择界面的第 1 项 "1 选择程序方式(Program select mode)：" 上，按 F4【CHOICE】键选择 "PNS"，并根据提示信息重启机器人。

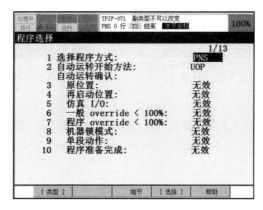

图 6-14　程序选择画面

(2) 按 F3【DETAIL】(详细)键进入 PNS 设置界面，如图 6-15 所示。

图 6-15　PNS 设置界面

(3) 将光标移到基准号码处，输入基准号码(可以为 0)。

例如，创建程序名为 PNS0007 的程序，如图 6-16 所示。

(1) 依次按键操作【MENU】(菜单) —【I/O】(信号) — F1【Type】(类型) — UOP(控制信号)，并通过 F3【IN/OUT】(输入/输出)键选择输入界面，如图 6-17、图 6-18 所示。

(2) 将系统信号 UI[9]设置为 ON，UI[10]设置为 ON，UI[11]设置为 ON，对应 PNS 号为 7。

(3) 按照 PNS 程序命名要求，创建的程序为 PNS0007。

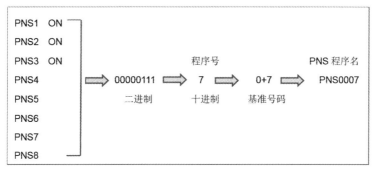

图 6-16　创建 PNS0007 程序

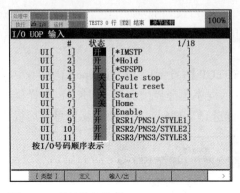
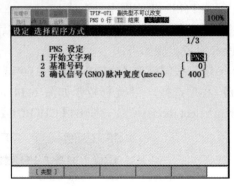

图 6-17　系统输入信号(UI[9、10、11]=ON)　　　　图 6-18　PNS 0007 设置界面

6.5　项目七：机器人 I/O 信号配置

6.5.1　项目要求

(1) 掌握机器人 I/O 信号配置方法。

(2) 了解 CRMA15/CRMA16 板数据交互相关内容。

(3) 掌握数字信号 DI[i]/DO[i]测试方法。

6.5.2　实践须知

实操训练过程中应融入团队精神的元素。团队精神是团队成员与组织共同的价值观，其核心是团结协作、优势互补，它的境界是一种奉献精神。团队精神能够激发个人的创造力，提高组织的工作绩效和创新力。实践环节以小组为单位开展机器人 I/O 信号配置练习。一位学生操控示教器，配置信号并执行信号的输入和输出；另一位学生帮忙测量并观察机器人与外围设备间的信号信息，及时检查机器人信号是否正确。单次调试完成后学生角色互换，在此过程中激发学生的团队合作意识，使学生养成愿意合作、喜欢合作的良好习惯，培养换位思考与为他人服务的品质，并提升团队合作能力。

情境设置：实现在学中做、做中学，学做合一中达到实践认知循环的目的。在情境(I/O 信号配置)中构建了 DI 信号配置、DO 信号配置、I/O 信号配置和自动运行配置等学习领域，培养学生团结协作的职业素养。情境设置如图 6-19 所示。

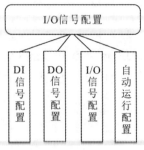

图 6-19　情境设置

6.5.3　信号配置

1. 任务1

利用 FANUC 工业机器人的 DI[101]信号作为外部启动按钮的输入信号，它对应 CRMA15/CRMA16 I/O 板的哪个物理接口？又该如何接线呢？

实施步骤如下：

(1) DI[101]地址分配(给 DI[101]分配地址)：48#机架、1#插槽、1#开始点。

(2) 找出对应 CRMA15/CRMA16 I/O 板的物理接口：CRMA15 的 1#端口——DI[101]，如图 6-20 所示。

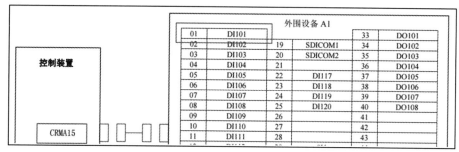

图 6-20　CRMA15 端口

(3) 硬件接线：CRMA15 的 1#端口接按钮其中一端，50#端口接按钮另一端；19#端口与 18#端口短接。CRMA15 硬件接线实物如图 6-21 所示，CRMA15 接线原理如图 6-22 所示。

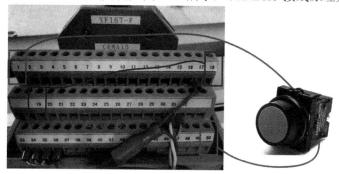

图 6-21　CRMA15 硬件接线实物图

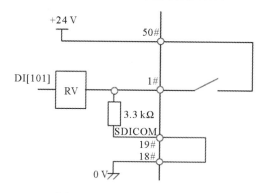

图 6-22　CRMA15 接线原理图

(4) 调试结果：按下按钮，DI[101] = ON；松开按钮，DI[101] = OFF。

2. 任务 2

利用 FANUC 工业机器人的 D0[120]信号作为输出信号，连接一个指示灯，它对应 CRMA15/CRMA16 I/O 板的哪个物理接口？又该如何接线呢？

实施步骤如下：

(1) DO[120]地址分配对应的物理接口：给 DO[101-120]分配地址——48#机架、1#插槽、1#开始点，或直接给 DO[120]分配地址——48#、1#、20#，DO[120]对应物理接口为 CRMA16 的 21#端口，如图 6-23 所示。

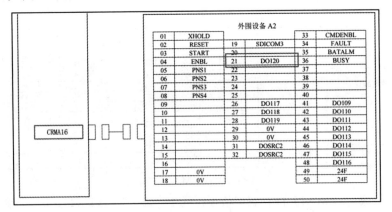

图 6-23　CRMA16 端口

(2) 硬件接线：CRMA16 的 21#端口接指示灯其中一端，17#端口接指示灯另一端；49#端口与 31#端口短接。CRMA16 硬件接线实物如图 6-24 所示，CRMA16 接线原理如图 6-25 所示。

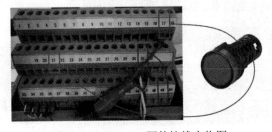

图 6-24　CRMA16 硬件接线实物图

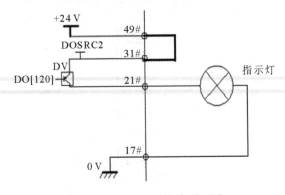

图 6-25　CRMA16 接线原理图

(3) 调试结果：置位 DO[120] = ON，可见此时灯亮；复位 DO[120] = OFF，可见灯灭。

3. 任务 3

在 FANUC 工业机器人的通用数字输入/输出 CRMA15 和 CRMA16 的接口板外接一些按钮开关和指示灯，进行 I/O 点的测试。

(1) DI 测试：按下按钮，DI[i] = ON；松开按钮，DI[i] = OFF。

(2) DO 测试：TP 程序输出 DO[i] = ON，用万用表测试对应端口，电压值为接近 +24 V 的高电平；TP 程序输出 DO[i] = OFF，用万用表测试对应端口，电压值为接近 0 V 的低电平。

(3) 编写机器人程序，使之实现：按下按钮，指示灯亮；松开按钮，指示灯灭。

实施步骤如下：

(1) 功能分析与总体设计。

① 考察重点是 CRMA15/CRMA16 接口板上 DI 和 DO 信号的测试，为了简化接线，输入和输出都接在同一块板上(这里只选用 CRMA15 板)。

② 为了简化地址分配，可以采用默认的 UOP 简略分配，此时 DI[101-120]分配为 48#、1#、1#，DO[101-120]分配为 48#、1#、1#。

③ 本项目 DI[101]用于读取按钮状态，DO[107]用于控制指示灯亮灭。

(2) 设备连接(硬件接线)。

① 输入：CRMA15 板上 50#端口接按钮其中一端，1#端口接按钮另一端；19#端口与 18#端口短接，如图 6-26 所示。

② 输出：CRMA15 板上 39#端口接指示灯其中一端，17#端口接指示灯另一端；49#端口与 31#端口短接。

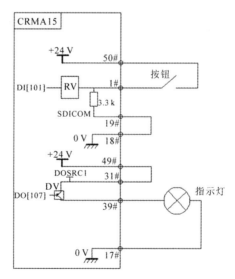

图 6-26 CRMA15 接线原理图

(3) 系统配置(DI/DO 地址分配)。

① 数字输出信号 DO[101-120]地址分配：48#机架、1#插槽、1#开始点。

② 数字输入信号 DI[101-120]地址分配：48#机架、1#插槽、1#开始点。

③ 将系统配置进行简略分配，如图 6-27 所示，将系统-配置-UOP 自动分配设置为简略(CRMA16)。

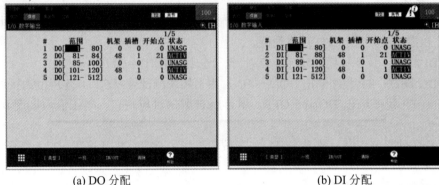

　　　　(a) DO 分配　　　　　　　　　　　　　　　(b) DI 分配

图 6-27　系统配置

(4) 程序设计。

不停地扫描输入口 DI[101]，使输出 DO[107] = DI[101]，如图 6-28 所示。

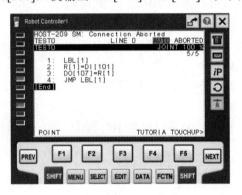

图 6-28　程序设计

(5) 调试与运行。

① DI 测试：打开 DI 一览页面，按下按钮，可见此时 DI[101] = ON，松开按钮，DI[101] = OFF。

② DO 测试：打开 DO 一览页面，设置 DO[107] = ON，用万用表测量 CRMA15 的 39#点的电压，测得其为高电平；当 DO[107]设为 OFF 时，用万用表测量 CRMA15 的 39#点的电压，测得其为低电平。

③ 功能测试：运行程序，按下按钮，指示灯点亮；松开按钮，指示灯熄灭。

6.6　科普小课堂

匠心筑梦、技艺兼攻——技能大赛与职业技能

世界技能大赛(见图 6-29)是全世界规模最大、层次最高、水平最强的职业技能赛事，代表了各行业最精、最尖、最强的技能水平。机器人系统集成项目是新增项目之一，主要包含机器人系统集成设计、布局安装和工业机器人应用编程、调试与运行两大部分。世界

技能大赛每两年举办一届。我国也举办了各类技能大赛，旨在加快培养和选拔智能制造应用技术领域的高素质技能人才。

　　用"红心"铸"匠心"，用"匠心"育"工匠"，中华好儿女理应笃志前行，与世界接轨，弘扬工匠精神，争当劳模工匠，成为新时代的大国工匠。

图 6-29　世界技能大赛

　　我国人力资源社会保障部分别与国家卫生健康委、工业和信息化部联合颁布了工业机器人系统运维员、工业机器人系统操作员国家职业技能标准，培养选拔更多高素质技术技能人才，为加快发展现代产业体系、推动经济高质量发展提供了有力的人才保障。

　　广大青年一代应走技能成才、技能报国之路，不畏挑战，不懈奋斗，追逐青春梦想，提升技能本领，方能在创新创造中攀登高峰。

第7章　码垛堆积

7.1　码垛堆积功能

所谓码垛堆积，是指只需对几个具有代表性的点进行示教，即可从下层到上层按照顺序堆上工件，或从上层到下层按照顺序堆下工件，图7-1所示为机器人正在进行码垛作业。

图 7-1　机器人码垛作业

通过对堆上的代表点进行示教，即可简单地创建堆上式样；通过对路径点(趋近点、堆叠点、回退点)进行示教，即可创建路径模式；通过设定多个路径模式，即可进行多种式样的码垛堆积。

码垛堆积由以下两种式样构成(如图7-2所示)：

(1) 堆上式样，确定工件的堆上方法。

(2) 路径模式，确定堆上工件时的路径。

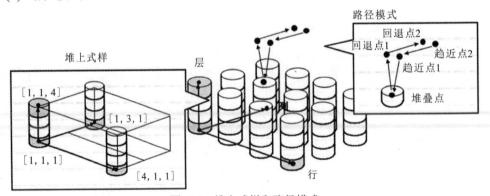

图 7-2　堆上式样和路径模式

码垛堆积根据堆上式样和路径模式设定方法的差异，可分为码垛堆积 B、码垛堆积 BX、码垛堆积 E、码垛堆积 EX 4 种。

7.1.1 码垛堆积 B

码垛堆积B对应所有工件的姿势一定，堆上工件时码垛的底面形状为平行四边形、梯形的情形，如图 7-3 所示。

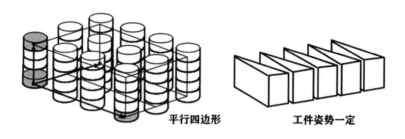

平行四边形　　　　工件姿势一定

图 7-3　码垛堆积 B

7.1.2 码垛堆积 E

码垛堆积 E 对应更为复杂的堆上式样的情形，如希望改变工件的摆放姿势，堆上工件时码垛的底面不是规则多边形等情形，如图 7-4 所示。

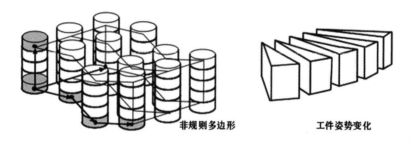

非规则多边形　　　　工件姿势变化

图 7-4　码垛堆积 E

7.1.3 码垛堆积 BX、EX

码垛堆积 B、E 只能设定一种路径模式，部分复杂情况下无法满足实际需求。此时可以使用码垛堆积 BX、EX，设定多种路径模式，如图 7-5 所示。

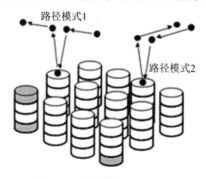

图 7-5　码垛堆积 BX、EX

7.2　码垛堆积指令

码垛堆积指令包括码垛开始指令、码垛动作指令、码垛结束指令三部分，每种指令均有对应的码垛寄存器 PL[i] 编号。

7.2.1　码垛开始指令

码垛开始指令的格式如图 7-6 所示，在码垛开始指令的【模式】选项中有 B、BX、E、EX 四种选择，i 为码垛编号，在同一个程序中可以有多个码垛开始指令，但码垛编号 i 唯一、不能重复。在编写码垛开始指令时需进行码垛参数配置，包括确定堆积模式(B、BX、E、EX)、码垛堆积种类(堆上、堆下)，设置对应的码垛寄存器 PL[i] 编号，设定行、列、层数，确定路径模式等。

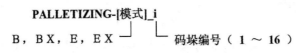

图 7-6　码垛开始指令的格式

7.2.2　码垛动作指令

码垛动作指令的格式如图 7-7 所示，码垛动作指令是指某个堆上点使用具有趋近点、堆叠点、回退点的路径点作为位置数据的动作指令，是码垛堆积专用的动作指令。对于某个堆上点，可设置 1~8 个趋近点、回退点，但只能设置 1 个堆叠点。码垛动作指令可基于码垛寄存器 PL[i] 的值，并依据具体堆积模式(B、BX、E、EX)、当前路径模式等相关码垛参数，计算出各个堆上点的趋近点、堆叠点、回退点的位置数据。

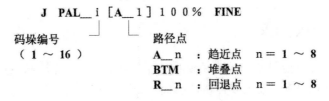

图 7-7　码垛动作指令的格式

7.2.3　码垛结束指令

码垛结束指令的格式如图 7-8 所示，图中码垛编号 i 对应码垛开始指令中的码垛编号 i，两者一致。码垛结束指令代表当前堆上点的动作结束，同时开始计算下一个堆上点的趋近点、堆叠点、回退点的位置数据，并改写码垛寄存器 PL[i] 的值。

在示教完码垛数据(参数配置)后，码垛堆积指令(码垛开始指令、码垛动作指令、码垛结束指令)一起自动写入程序清单中。同时需要应用循环指令(FOR、IF)，不断循环使用更新后的各个堆上点中趋近点、堆叠点、回退点的位置数据。

PALLETIZING-END__ i

码垛编号 （1 ～ 16）

图 7-8　码垛结束指令的格式

此外，在对新的码垛堆积进行示教时，码垛编号 i 将被自动更新。

7.2.4　码垛寄存器指令

码垛寄存器 PL[i]指令用于码垛运动起点的控制,码垛寄存器指令格式如图 7-9 所示。码垛寄存器 PL[i]中的要素[i, j, k](行、列、层)代表在码垛运动过程中的第一个堆叠点(起点)，如果是堆上(码垛)运动，则要素[i, j, k]一般设置为最小值[1, 1, 1]，代表运动的第一个堆上点是在第一行、第一列、第一层的位置；如果是堆下(拆垛)运动，则要素[i, j, k]一般设置为最大值，代表运动的第一个堆下点是在第 i(max)行、第 j(max)列、第 k(max)层的位置。不同的码垛寄存器 PL[i]对应不同的码垛指令，需在进行码垛参数配置时确定其对应关系。

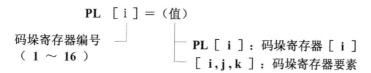

PL ［i］＝（值）

码垛寄存器编号
（1 ～ 16）

PL ［i］：码垛寄存器 ［i］
［i, j, k］：码垛寄存器要素

图 7-9　码垛寄存器指令格式

7.3　码垛堆积指令示教

7.3.1　码垛指令设置流程

(1) 如图 7-10 所示，在程序编辑界面按 F1【指令】键，显示出指令菜单，选择"7 码垛"。

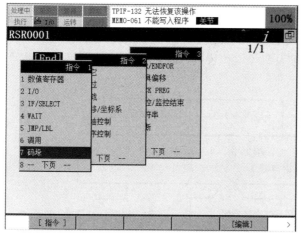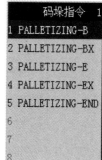

图 7-10　码垛堆积指令界面

(2) 确定码垛功能(B、E、BX、EX)后，自动进入码垛堆积指令的参数配置界面，即可按步骤进行示教。

(3) 如果要修改已经存在的码垛指令，如图 7-11 所示，则将光标移动至码垛堆积号码处，按 F1【修改】键，在弹出的菜单中选择要修改的项目即可。

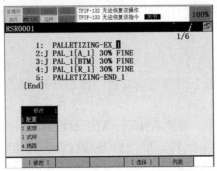

图 7-11　修改已经存在的码垛指令

7.3.2　码垛参数配置

在码垛堆积指令的参数配置界面中，需要设定具体的码垛堆积指令。根据码垛堆积指令的分类，码垛参数配置有四种模式，如图 7-12 所示。

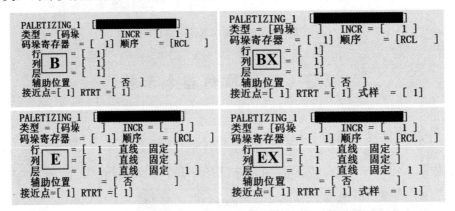

图 7-12　四种码垛参数配置模式

(1) 堆上方法的设定主要涉及码垛堆积种类、码垛寄存器号码、堆叠顺序等，如图 7-13 所示。

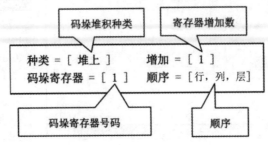

图 7-13　堆上方法的设定

① 码垛堆积种类：指定堆上(码垛) / 堆下(拆垛)。

② 增加：指定每隔几个工件进行堆上 / 堆下作业，标准值为 1。通过码垛堆积结束指令可对码垛寄存器 PL[i]的要素[i, j, k]进行加、减运算。堆上运动时，对 PL[i]的要素[i, j, k]进行加法运算；堆下运动时，对 PL[i]的要素[i, j, k]进行减法运算。

③ 码垛寄存器：确定与堆上 / 堆下方法相对应的码垛寄存器号码。

④ 顺序：表示堆上 / 堆下的顺序，按照行→列→层(RCL)的顺序堆上或堆下，如图 7-14 所示。

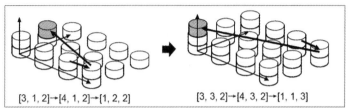

图 7-14　行列层 RCL 顺序

(2) 堆上式样的设定主要涉及码垛规格(行、列、层数)、姿势控制、层式样数、补助点(辅助位置)的有/无等，如图 7-15 所示。

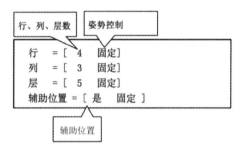

图 7-15　堆上式样的设定

① 如图 7-16 所示，在无补助点(辅助位置)的堆上式样中，分别对堆上式样的平行四边形的 4 个点进行示教。

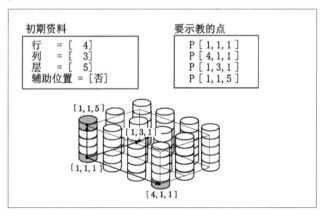

图 7-16　无补助点的堆上

② 有补助点(辅助位置)的堆上式样一般用于第 1 层的形状为非平行四边形(梯形)的情形，此时需要补足非平行四边形第 4 个点[4, 3, 1]的位置信息，最后对代表层高的第 5 个点[1, 1, 5]进行示教，如图 7-17 所示。

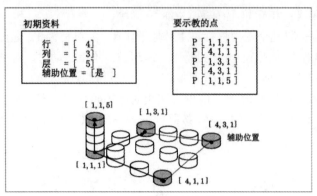

图 7-17　有辅助位置的堆上

③ 如图 7-17 所示，在直线示教的情况下，通过示教边缘的 2 个代表点 P[4，3，1]和 P[1，1，5]，就能设定行、列、层方向的所有点(标准)。

④ 如图 7-18 所示，在自由示教的情况下，可对非规则多边形的行、列、层方向的所有点进行示教。

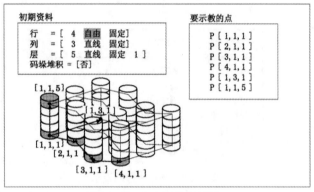

图 7-18　自由示教的情况

⑤ 如图 7-19 所示，在直接指定的情况下，通过指定行、列、层方向的直线和其间的距离，可设定所有点。

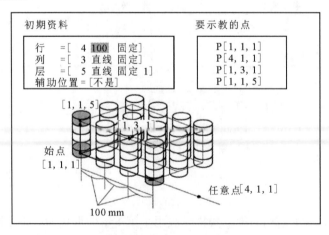

图 7-19　直接指定的情况

⑥ 固定姿势的情形如图 7-20 所示，所有堆上点始终取点[1，1，1]所示教的姿势(标准)。

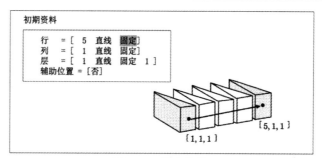

图 7-20　固定姿势

⑦ 分割姿势的情形如图 7-21 所示，在进行直线示教后，各位置点的姿势取决于直线两边缘所示教的姿势而进行规律变化。若是自由示教，则应示教所有点的姿势。

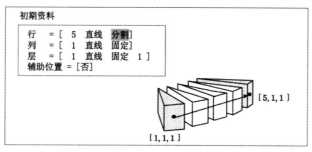

图 7-21　分割姿势

7.3.3　码垛位置示教

依据初期码垛参数配置情况可生成码垛底部点，同时也需对位置点进行示教。

① 按照初期资料的设定，显示应该示教的堆上点，如图 7-22 所示。

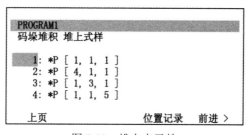

图 7-22　堆上点示教

② 将机器人点动进给到希望示教的代表堆上点，移动光标指向相应行，按住【SHIFT】键的同时按 F4(位置记录)键，当前的机器人位置数据即被记录下来，如图 7-23 所示。

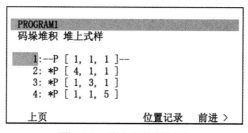

图 7-23　堆上点位置记录

未示教位置显示 "*"，已示教位置显示 "--"。

③ 如要显示所示教的代表堆上点的位置详细数据,可将光标指向堆上点号码,按 F5(位置)键。显示出位置详细数据后，也可以直接输入数值以修改位置数据，如图 7-24 所示。

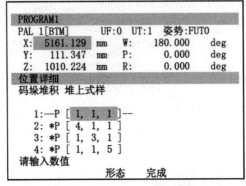

图 7-24　位置详细数据

④ 按照相同的步骤，对所有代表堆上点进行示教。

7.3.4　码垛线路样式

在进行初期码垛配置时，需设定趋近点数、回退点数、路径模式数，如图 7-25 所示。

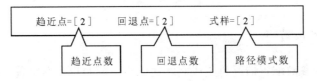

图 7-25　初期码垛配置

码垛堆积 BX、EX 可根据堆上点分别设定多种路径模式。若图 7-25 中的路径模式数设置为 3，则代表有三种路径模式(分别为式样[1]、式样[2]、式样[3])，具体路径模式(经路式样)设置界面如图 7-26 所示，每个式样中的三个数字分别代表行、列、层。码垛堆积 B、E 只可以设定一个路径，所以不会显示该画面。

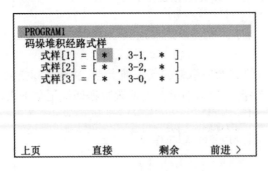

图 7-26　路径模式设置界面

在设定码垛功能时，可以根据现场的实际情况为不同的行、列、层，甚至是某一具体的堆叠点设定不同的路径模式。其指定的形式主要分为以下几种：

(1) 不指定：默认指定方式为 "*"，表示适用任意的堆上点。

(2) 直接指定：在 1～127 的范围内指定堆上点。

(3) 余数指定：采用条件要素"m-n"，以余数方式来指定堆叠点。即将堆叠点的值除以"m"，得到余数"n"。此处所谓堆叠点的值指的是堆叠点处于第几行、第几列或第几层的问题，"m"为总行数、总列数或总层数。

在图 7-26 所示的路径模式中，行和层采用不指定方式，列采用余数指定方式，且总列数为 3，故"m"为 3。堆叠点值的问题转化为了堆叠点处于第几列的问题，若堆叠点在第 1 列，1 除以 3，得商为 0、余数为 1，则"m-n"为"3-1"，第 1 列的所有堆叠点都使用路径模式 1；若堆叠点在第 2 列，2 除以 3，得商为 0、余数为 2，则"m-n"为"3-2"，第 2 列的所有堆叠点都使用路径模式 2；若堆叠点在第 3 列，3 除以 3，得商为 1、余数为 0，则"m-n"为"3-0"，第 3 列的所有堆叠点都使用路径模式 3，如图 7-27 所示。

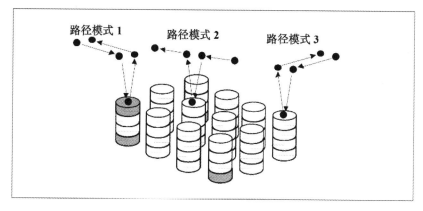

图 7-27　路径模式 1、2、3

7.3.5　码垛线路点

示教路径路线时，在码垛堆积路径模式示教界面上，需对码垛寄存器 PL[1]所指定的堆叠点位置以及其前后的几个路径点(趋近点和回退点)位置进行示教，而后路径点会随着堆上点位置的改变而自动计算新位置数据。如图 7-28、图 7-29 所示，其中，趋近点 2 = P[A_2]、趋近点 1 = P[A_1]、堆叠点 = P[BTM]、回退点 1 = P[R_1]、回退点 2 = P[R_2]。

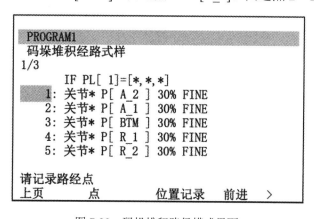

图 7-28　码垛堆积路径模式界面

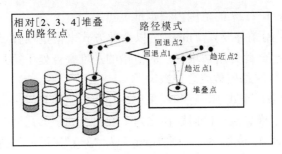

图 7-29　堆叠点的路径点

7.4　项目八：机器人码垛

7.4.1　项目要求

(1) 掌握工业机器人码垛指令的使用。

(2) 利用工业机器人工作站实现码垛编程应用。

(3) 掌握 RSR、PNS 自动运行方式。

7.4.2　实践须知

实操训练过程中应融入创新精神的元素。创新精神是指要具有能够综合运用已有的知识、信息、技能和方法，提出新方法、新观点的思维能力和进行发明创造、革新的意志、信心、勇气和智慧。码垛编程项目中编写程序所采用的码垛指令方法可以有多种，对不同的问题要采用不同的解决方法，并在所有方法中比较哪一种方法更好、更合适。《中国制造2025》中把创新驱动确定为建设制造强国的基本方针之一，鼓励工作人员在关键技术上取得突破，在全社会形成创新风气。这就要求我们在学习实践过程中，不断寻求解决问题的新思路。

情境设置：依据真实环境、真学真做，掌握真本领的要求设置项目，在情境(码垛编程)中构建了简单堆垛、简单拆垛、复杂码垛和拆码一体化等学习领域，挑战多样化的码垛形式，培养学生追求卓越的创新精神。情境设置如图 7-30 所示。

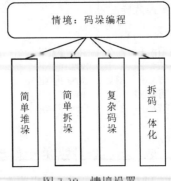

图 7-30　情境设置

7.4.3 码垛堆积 B 应用

如图 7-31 所示，在工作站平面料库上进行拆垛、码垛一体化编程，拆垛对象为四行一列二层[4，1，2]的长方体物料堆，将其码垛成二行二列二层[2，2，2]的物料堆。使用吸盘工具将这八块物料由左侧位置码放到右侧位置，并使用 8 号工具坐标系和 0 号用户坐标系。

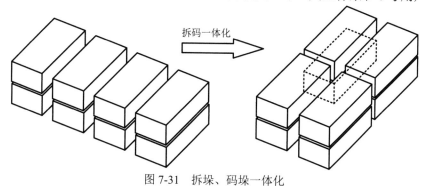

图 7-31 拆垛、码垛一体化

实施步骤如下：

(1) 将模式开关置于 1 挡。

(2) 开机，速度倍率不得超过 30%。

(3) 创建程序，程序名为 MD + n，进入到编程界面。

(4) 激活 8 号工具坐标系和 0 号用户坐标系。

(5) 码垛配置示教，如图 7-32 所示。

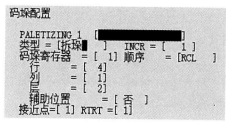

(a) 拆垛[4，1，2]   (b) 堆垛[2，2，2]

图 7-32 拆垛[4，1，2]和堆垛[2，2，2]

(6) 编辑程序。

1:	CALL XPS	// 呼叫安装吸盘工具的程序
2:	UFRAME_NUM=0	// 调用 0 号用户坐标
3:	UTOOL_NUM=8	// 调用 8 号工具坐标
4:	J P[1] 20% FINE	// 运动到料盘上方的安全点
5:	PL[1]=[4，1，2]	// 将码垛寄存器 1 初始化(拆的第一个工件)
6:	PL[2]=[1，1，1]	// 将码垛寄存器 2 初始化(堆的第一个工件)
6:	DO[101]=OFF	// 复位吸盘吸取信号
7:	FOR R[1]=1 TO 8	// FOR 循环指令，循环 8 次
8:	PALLETIZING-B_1	// 码垛指令——拆垛
9:	J PAL_1[A_1] 30% FINE	// 趋近点 1

10:	L PAL_1[BTM] 30mm/sec　FINE	// 吸取物料点
11:	WAIT　　0.50sec	
12:	DO[101]=ON	// 置位吸盘吸取信号，吸取物料
13:	WAIT　　0.50sec	
14:	L　PAL_1[R_1] 30mm/sec FINE	// 回退点 1
15:	PALLETIZING-END_1	// 码垛结束指令
16:	PALLETIZING-B_2	// 码垛指令——堆垛
17:	J　PAL_2[A_1] 30% FINE	// 趋近点 1
18:	L　PAL_2[BTM] 30mm/sec FINE	// 放置物料点
19:	WAIT　　.50sec	
20:	DO[101]=OFF	// 复位吸盘吸取信号，放下物料
21:	WAIT　　0.50sec	
22:	L PAL_2[R_1] 30mm/sec FINE	// 回退点 1
23:	PALLETIZING-END_2	// 码垛结束指令
24:	ENDFOR	
25:	J　P[1]　20% FINE	// 运动到料盘上方安全点
26:	CALL XPF	// 呼叫放下吸盘工具程序

(7) 单步低速执行程序，确认程序没有问题；连续执行程序。

(8) 自动运行程序(RSR)。

7.4.4　码垛堆积 E 应用

采用码垛堆积 B、码垛堆积 E 指令，使用吸盘工具将十六块物料进行拆垛、码垛一体化编程。拆垛采用码垛堆积 B 指令，可参考上述案例。码垛采用码垛堆积 E 指令，堆积成二行二列四层[2，2，4]的物料，堆积要求如图 7-33 所示。在进行实际拆垛、码垛一体化编程时，各工件之间需要留有一定的间隙，以免缝隙太小发生碰撞。

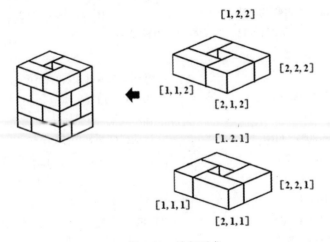

图 7-33　堆积要求

实施步骤如下：

(1) 码垛堆积 E 指令配置示教，码垛配置要求如图 7-34 所示。

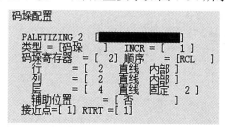

图 7-34　码垛配置要求

(2) 在对位置点进行示教时，某些位置点需要修改位置数据的数值。如对点 P[2，1，1]、点 P[1，2，1]、点 P[1，1，2]这三个位置点，在获取位置点信息后，需再手动修改使其绕 Z 轴旋转 90°，以便码垛该类工件时，摆放工件的姿态绕 Z 轴旋转 90°，如图 7-35、图 7-36、图 7-37 所示。

① 位置点 P[2，1，1]旋转 90°。

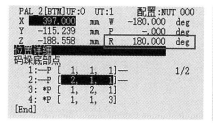

(a) 修改前

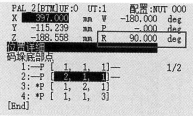

(b) 修改后

图 7-35　点 P[2，1，1]旋转 90°

② 位置点 P[1，2，1]旋转 90°。

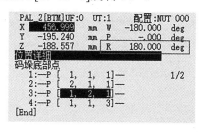

(a) 修改前

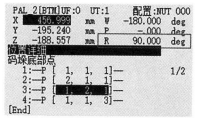

(b) 修改后

图 7-36　点 P[1，2，1]旋转 90°

③ 位置点 P[1，1，2]旋转 90°。

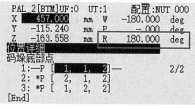

(a) 修改前

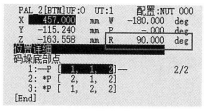

(b) 修改后

图 7-37　点 P[1，1，2] 旋转 90°

(3) 码垛线路点，如图 7-38 所示。

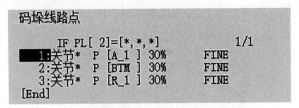

图 7-38　码垛线路点

如需要根据物料位置另行设定路径，可定义 8 种路径模式，其中行和列均采用直接指定方式，层采用余数指定方式，因为每隔一层路径一样，所以可每 2 层反复进行，总层数可为 2，故 "m" 为 2，同时堆叠点值的问题转化为堆叠点处于第几层的问题。第 1 层除以 2，得商为 0、余数为 1，"m-n" 为 "2-1"，由此可知第 1 层可使用路径模式 1、2、3、4；第 2 层除以 2，得商为 1、余数为 0，"m-n" 为 "2-0"，由此可知第 2 层可使用路径模式 5、6、7、8。由于行和列均采用直接指定方式，因此每层的 4 个物料都有独立的路径，如图 7-39 所示。

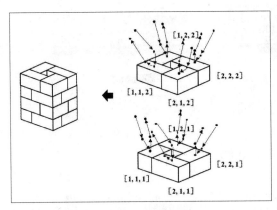

PTN[1]=[1，1，2-1]
PTN[2]=[2，1，2-1]
PTN[3]=[1，2，2-1]
PTN[4]=[2，2，2-1]
PTN[5]=[1，1，2-0]
PTN[6]=[2，1，2-0]
PTN[7]=[1，2，2-0]
PTN[8]=[2，2，2-0]

图 7-39　8 种路径模式

(4) 编辑程序(略)。

(5) 自动运行程序(PNS)。

7.5　科普小课堂

山河虽无恙、吾辈当自强——争做 "吾辈" 担当

回首我国科技事业，从古到今，在世界舞台上大放异彩，这一切都离不开科学家们筚路蓝缕、披荆斩棘。工业机器人应用的雏形在我国古代就已出现，在《列子·汤问》的记载中，有位叫偃师的能工巧匠制作了一个 "能歌善舞" 的木制机关人(见图 7-40)献给了周穆王，这个机关人不仅外貌像一个真人，而且还有思想情感，足以以假乱真。《墨经》中记载，春秋后期我国著名的木匠鲁班曾造过一只木鸟(鲁班木鸟，见图 7-41)，用木材做成内设机关，其能在空中飞行三天三夜。

图 7-40　木制机关人

图 7-41　鲁班木鸟

三国时期的蜀汉丞相诸葛亮既是一位军事家，也是一位发明家，他成功地创造出"木牛流马"(见图 7-42)，木牛流马可以运送军用物资，成为最早的陆地军用机器人。

图 7-42　木牛流马

20 世纪 70 年代，现代机器人的研究在我国起步。其中，工业机器人作为首先发展的一类机器人，先后经历了 20 世纪 70 年代的萌芽期、80 年代的开发期和 90 年代的适用期。

1982 年，沈阳自动化所研制出了我国第一台工业机器人。

　　1985 年，上海交通大学机器人研究所完成了"上海一号"弧焊机器人的研究，这是我国自主研制的第一台六自由度关节机器人。

　　1997 年，我国 6000 米无缆水下机器人试验应用成功，标志着我国水下机器人技术已达到世界先进水平。

　　2000 年，我国独立研制的第一台具有人类外形、能模拟人类基本动作的类人型机器人在长沙国防科技大学问世。

　　2014 年，国内首条"机器人制造机器人"生产线投产。

　　2015 年，我国研制出世界首台自主运动可变形液态金属机器。

　　这一步一个脚印，是我国机器人专家不断克服研发困难、不断创新走出来的。我们看到了几代科研工作者对机器人事业的痴迷与执着，也看到了拓荒者们的胆识、远见与创新精神。科技兴国，是吾辈之担当。"少年强，则中国强"，我辈应秉承"振兴中华，我辈之责任"的理念，秉承老一辈科学家伟大的爱国情怀，刻苦学习，提高创新意识，培养创新能力，掌握核心技术，弘扬中华民族五千年进取求索的探索精神。

仿真篇

工欲善其事
必先利其器

第 8 章　ROBOGUIDE 简 介

工业机器人离线编程是指操作人员在编程软件里构建整个机器人系统工作应用场景的三维虚拟环境；再根据加工工艺、生产节拍等相关要求进行一系列控制和操作，自动生成机器人的运动轨迹，即控制指令；然后在软件中仿真与调试轨迹；最后生成机器人执行程序传输给机器人控制系统。

工业机器人离线编程具有以下几种优势：

(1) 减少机器人停机的时间，当对下一个任务进行编程时，机器人仍可在生产线上工作。

(2) 使编程者远离危险的工作环境，改善了编程环境。

(3) 离线编程系统使用范围广，可以对各种机器人进行编程，并且可以便捷地优化程序。

(4) 可以通过仿真预知将要发生的问题，从而及时解决问题，减少损失。

(5) 可对复杂任务进行编程，离线编程软件能够基于 CAD 模型中的几何特征(关键点、轮廓线、平面、曲面等)自动生成轨迹。

(6) 直观地观察机器人工作过程，判断包括超程、碰撞、奇异点、超工作空间等错误。

目前，工业机器人离线编程与仿真软件可分为通用型与专用型两类。

通用型：通用型离线编程软件是第三方公司开发的，适用于多种品牌的机器人，能够实现仿真、轨迹编程和程序输出，但兼容性不够，如 RobotMaster、RobotWorks、ROBCAD 等。

专用型：专用型离线编程软件是机器人厂商或委托第三方公司开发的，其特点是只能适用于某种品牌的机器人，优点是软件功能更强大，实用性更强，与机器人本体的兼容性也更好，如 ROBOGUIDE、RobotStudio、SimPro、MotoSimEG-VRC 等。

RobotMaster 几乎支持市场上绝大多数机器人品牌，包括 FANUC、松下等，是目前国外顶尖的离线编程软件。其主要优点是在 MasterCAM 中无缝集成了机器人编程、仿真和代码生成功能，提高了机器人的编程速度；缺点是暂不支持多台机器人在线仿真。

RobotWorks 是基于 SolidWorks 进行二次开发的离线仿真软件。其主要优点是拥有全面的数据接口、强大的编程能力和工业机器人数据库，具有较强的仿真模拟能力和开放的自定义库，支持多种机器人和外部轴应用；缺点是操作难度较高，不适用于新手学习。

RobotStudio 是 ABB 机器人的配套软件，支持机器人的整个生命周期。RobotStudio 允许用户使用离线控制器，也允许用户使用真实的物理控制器，如图 8-1 所示。

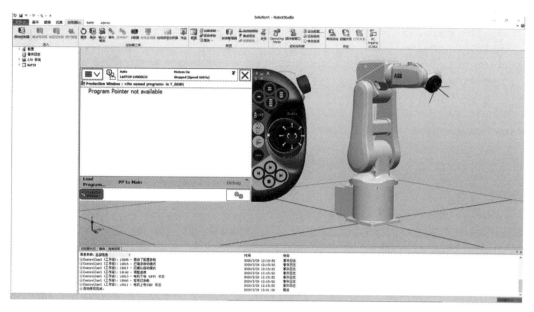

图 8-1　RobotStudio 软件

ROBOGUIDE 是 FANUC 机器人公司提供的一款仿真软件，可以进行机器人系统方案的布局设计，以及机器人干涉性、可达性分析和系统的节拍估算，能够自动生成机器人离线程序，进行机器人故障诊断等，如图 8-2 所示。

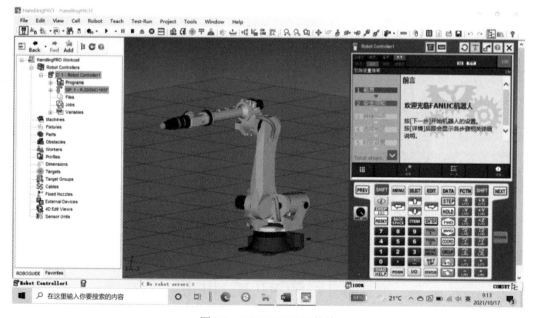

图 8-2　ROBOGUIDE 软件

SimPro 离线编程软件是 KUKA 公司开发的专用软件，可以优化设备和机器人的使用情况。该产品用于 KUKA 机器人的完全离线编程，以及分析节拍时间，此外还可以用来实时连接虚拟的 KUKA 机器人控制系统，如图 8-3 所示。

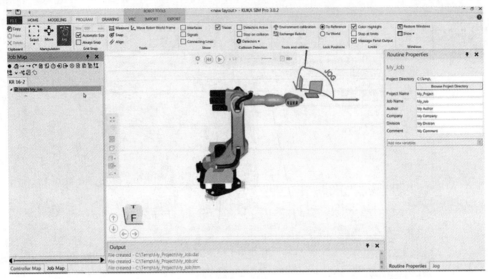

图 8-3　SimPro 软件

MotoSimEG-VRC 是一款专用于 YASKAWA 机器人的离线编程与仿真软件，可以实现工业机器人工作站设计、机器人选型、碰撞检测等，如图 8-4 所示。

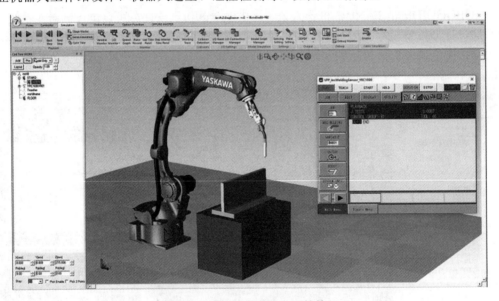

图 8-4　MotoSimEG-VRC 软件

8.1　ROBOGUIDE

　　ROBOGUIDE 是发那科机器人公司提供的一款仿真软件，它围绕一个离线的三维世界，模拟现实中的机器人和周边设备的布局，通过其中的 TP 示教，再进一步完成自身运动轨迹的模拟。通过这样的模拟可以验证方案的可行性，同时获得周期时间的估算。ROBOGUIDE 是一款核心应用软件，具体还包括搬运、弧焊、喷涂和点焊等其他模块。

ROBOGUIDE 软件的版本有很多，本书使用 V9.1 版本进行教学讲解，如图 8-5 所示。

图 8-5　ROBOGUIDE 软件 V9.1 版本

8.2　新建 Workcell

打开 ROBOGUIDE 后单击工具栏上的新建按钮▢，或点击【File】(文件)下拉菜单里的【New Cell】，其界面如图 8-6 所示。

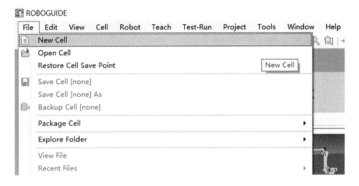

图 8-6　【New Cell】界面

(1) Process Selection 工艺选择：依据工业机器人的使用场合和工艺要求，ROBOGUIDE 软件提供了多种模块功能，包括去毛刺模块、物料搬运模块、入门模块、码垛模块、焊接模块等，不同的模块提供了不同的功能指令。在如图 8-7 所示工艺选择界面中选择需要进行的仿真项目(HandingPRO)，确定后单击【Next】进入下一步。

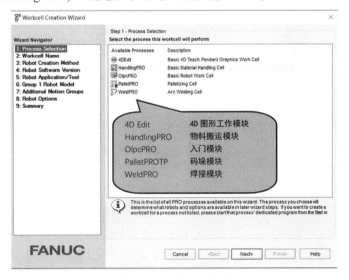

图 8-7　工艺选择界面

(2) Workcell Name 工作单元命名：在 "Name" 中输入仿真的项目名称，也可以使用默认的命名，如图 8-8 所示。命名完成后单击【Next】进入下一步。

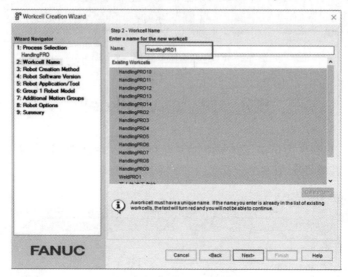

图 8-8　工作单元命名界面

(3) Robot Creation Method 创建机器人方法：创建一个新的机器人(一般选用第一种方法) , 如图 8-9 所示。创建完成后单击【Next】进入下一个界面。

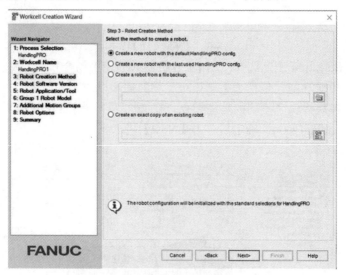

图 8-9　创建机器人方法界面

机器人新建方式如下：

① Creat a new robot with the default HandingPRO config.

根据缺省配置新建。

② Creat a new robot with the last used HandingPRO config.

根据上次使用的配置新建。

③ Creat a robot from a file backup.

根据机器人备份来创建。

④ Creat an exact copy of an existing robot.

根据已有机器人的拷贝来新建。

(4) Robot Software Version 机器人软件版本：选择安装在机器人上的软件版本。确定后单击【Next】进入下一个界面。

(5) Robot Application/Tool 机器人应用工具：根据仿真的需要选择合适的应用工具，即 Handing Tool 搬运、Spot Tool＋点焊，如图 8-10 所示。确定后单击【Next】进入下一个选择界面。

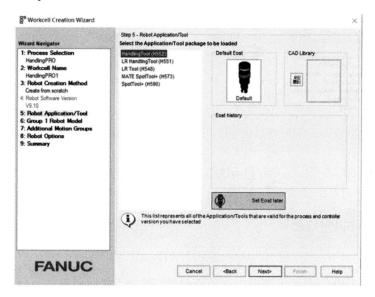

图 8-10　机器人应用工具界面

(6) Robot Model 机器人型号：选择仿真所用的机器人，这里几乎包含了所有的 FANUC 机器人类型(如果选型错误，可以在创建后再更改)，如图 8-11 所示。确定后单击【Next】进入下一个选择界面。

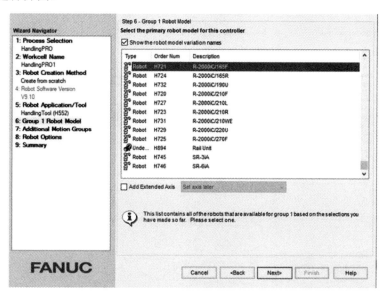

图 8-11　机器人型号界面

(7) Additional Motion Model 附加运动模型：可以继续添加额外的机器人(也可在建立 Workcell 后添加)，也可添加 Group2～7 设备，如伺服枪、变位机等(无特殊需求这里一般不设置)，如图 8-12 所示，然后单击【Next】进入下一个选择界面。

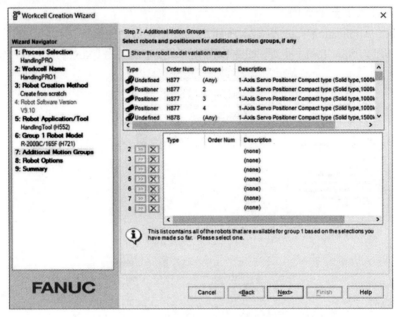

图 8-12　附加运动模型界面

(8) Robot Options 机器人选项：在此界面可以选择各类其他软件，将它们用于仿真，许多常用的附加软件如 2D、3D、4D 视觉应用和附加轴等都可以在这里添加，同时还可以切换到【Languages】选项卡里设置语言环境，默认的语言是英语，还可选择中文、日语等，如图 8-13 所示。完成后单击【Next】进入下一个选择界面。

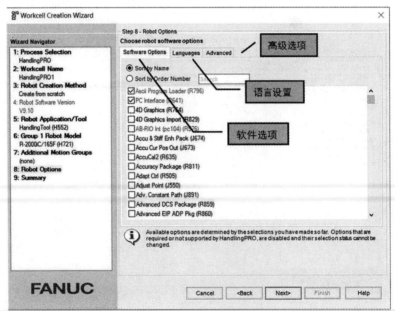

图 8-13　机器人选项界面

(9) Summary 汇总：列出之前所有选择的内容，是一个总的目录，如图 8-14 所示。如果确定无误，就单击【Finish】，完成工作环境的建立，进入仿真环境；如果需要修改可以单击【Back】退回之前的步骤做进一步的修改。

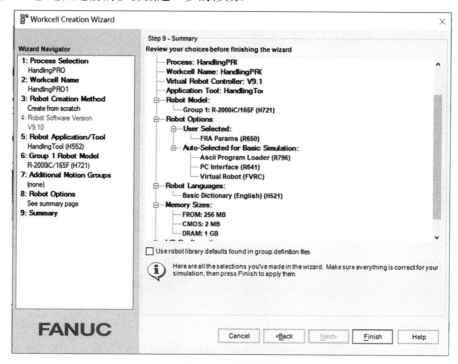

图 8-14 汇总界面

8.3 ROBOGUIDE 界面介绍

Workcell 建立完成后，进入工作环境，输入 1，选择 Standard Flange(标准法兰，如图 8-15 所示)，继续加载工业机器人。

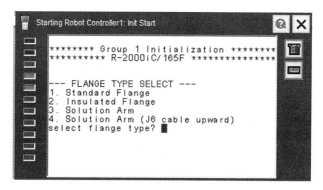

图 8-15 标准法兰

图 8-16 所示为创建 Workcell 时选择的机器人，机器人模型的原点(点击机器人后出现的绿色坐标系)为此工作环境的原点。机器人下方的底板默认为 20 m × 20 m 的范围，每个

小方格为 1 m × 1 m，这些参数如需修改，可以进行如下操作：点击【Cell】—【Workcell properties】，Workcell properties 界面如图 8-17 所示，选择【Chui World】选项卡，便可设置底板的范围和颜色，以及小方格的尺寸和格子线的颜色。

　　Floor：设置地板的范围、颜色、可见性。

　　Lines：设置小方格的尺寸、线条颜色。

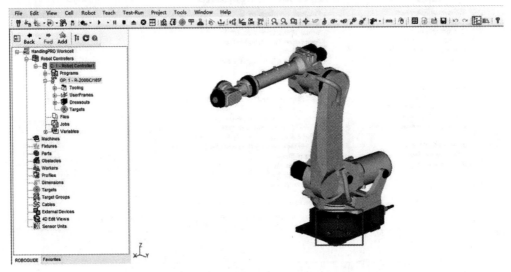

图 8-16　加载机器人

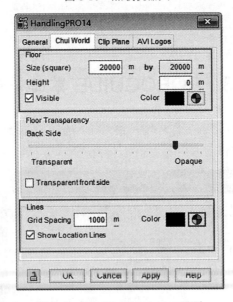

图 8-17　Workcell properties 界面

8.3.1　常用工具条功能介绍

1. 常用工具条

常用工具条在软件中的显示如下：

各工具的作用如下：

🔍 Zoom In 3D World：工作环境放大作用。

🔍 Zoom Out：工作环境缩小作用。

🔍 Zoom Window：工作环境局部放大作用。

✜ Center the View on the Selected Object：让所选对象的中心在屏幕正中间。

这五个按钮分别表示俯视图、右视图、左视图、前视图及后视图。

🐭 Show/Hide Mouse Commands：单击此按钮出现如图 8-18 所示快捷菜单清单，该清单整理了所有可通过鼠标操作的快捷菜单。

3D World Mouse Commands					
View Functions		**Object Functions**		**MoveTo Functions**	
Rotate view:	RIGHT Drag	Move object, one axis	LEFT Drag triad axis	Move robot to surface:	[CTRL] + [SHIFT] + LEFT-Click
Pan view:	[CTRL] + RIGHT Drag	Move object, multiple axes	[CTRL] + LEFT Drag triad	Move robot to edge:	[CTRL] + [ALT] + LEFT-Click
Zoom in/out	BOTH Drag (mouse Y axis)	Rotate object:	[SHIFT] + LEFT Drag triad axis	Move robot to vertex:	[CTRL] + [ALT] + [SHIFT] + LEFT-Click
Select object:	LEFT-Click	Object property page	DOUBLE-LEFT Click	Move robot to center:	[SHIFT] + [ALT] + LEFT-Click

图 8-18　快捷菜单清单

2. 其他工具

🎯 Show/Hide Jog Coordinates Quick Bar：实现世界坐标系、用户坐标系、工具坐标系等各个坐标系间的切换。

🖐 Open/Close Hand：控制机器人手爪的开和闭。

🤖 Show/Hide Work Envelope：显示机器人的工作范围。

📱 Show/Hide Teach Pendant：显示 TP 控制器进行 TP 示教。

3. 运行仿真工具条

运行仿真工具条在软件中的显示如下：

各工具的作用如下：

🎥 Record AVI：运行机器人的当前程序并录像。

▶ Cycle start：运行机器人的当前程序。

⏸ Hold：暂停机器人的运行。

⏹ Abort：停止机器人的运行。

⏏ Fault Reset：消除运行时出现的报警。

❌ Immediate stop：紧急停车。

▣ Show/Hide Run Panel：显示/隐藏运行控制面板，点击后出现如图 8-19 所示界面。

常用设置选项说明如下：

Elapsed Simulation Time：仿真运行时间。　　Refresh Display：刷新画面。

Synchronize Time：时间校准。　　　　　　　Hide Windows：隐藏窗口。

Run-Time Refresh Rate：运行时间刷新率。　　Collision Detect：碰撞检测。

Taught Path Visible：示教路径可见。　　　　Run Program in Loop：循环执行程序。

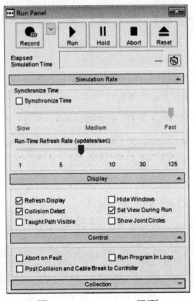

图 8-19　Run Panel 界面

　　　　　Measure Tool：此功能可用来测量两个目标位置间的距离和相对位置，分别在
【From】和【To】下选择两个目标位置(如图 8-20 所示)，即可在【Distance】中显示出两
个目标的直线距离、三根轴上的投影距离和三个方向的相对角度。在【From】和【To】下
分别有一个下拉列表，若选择的是添加的设备，则可选择测量的位置为实体或原点，如图
8-21 所示；若选择的是机器人，则可将测量位置选为实体、原点、机器人零点、TCP 和法
兰盘，如图 8-22 所示。

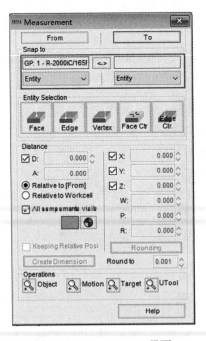

图 8-20　Measurement 界面

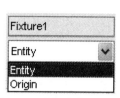

图 8-21 选择实体或原点

图 8-22 选择实体、原点、机器人
零点、TCP 和法兰盘

8.3.2 基本操作

1. 对模型窗口的操作

鼠标可以对仿真模型窗口进行移动、旋转、放大缩小等操作。

移动：按住中键并拖动。

旋转：按住右键并拖动。

放大缩小：同时按住左右键并前后移动，或直接滚动滚轮。

2. 改变模型位置的操作

改变模型位置的方法有两种，一种是直接修改其坐标参数，另一种是用鼠标直接拖曳。操作时左键单击选中模型，显示出绿色坐标轴。

(1) 移动。

① 将鼠标箭头放在某个绿色坐标轴上(箭头显示为手形并显示有坐标轴标号 X、Y 或 Z)，按住左键并拖动，模型将沿此轴方向移动。

② 将鼠标放在坐标系上，按住【Ctrl】键，同时按住鼠标左键并拖动，模型将沿任意方向移动。

(2) 旋转。

按【Shift】键，将鼠标放在某个坐标轴上，按住鼠标左键并拖动，模型将沿此轴旋转。

3. 机器人运动的操作

用鼠标可以实现机器人 TCP 快速运动到目标面、边、顶点或者中心。

(1) 运动到面：【Ctrl】+【Shift】+ 鼠标左键。

(2) 运动到边：【Ctrl】+【Alt】+ 鼠标左键。

(3) 运动到顶点：【Ctrl】+【Alt】+【Shift】+ 鼠标左键。

(4) 运动到中心：【Alt】+【Shift】+ 鼠标左键。

另外，也可用鼠标直接拖动机器人 TCP 使机器人运动到目标位置。

8.4 常用功能介绍

8.4.1 ROBOGUIDE 中 TP 的使用

现场机器人的运动是用 TP 来控制的，在 ROBOGUIDE 中机器人也有自己的 TP。点击面板上的 Show/Hide Teach Pendant(显示/隐藏示教盒)按钮,可显示出与该机器人对应的 TP。ROBOGUIDE 中的 TP 如图 8-23 所示,从图中可以看出,ROBOGUIDE 中的 TP 与现场 TP 几乎完全一样,而且操作方式也一致。

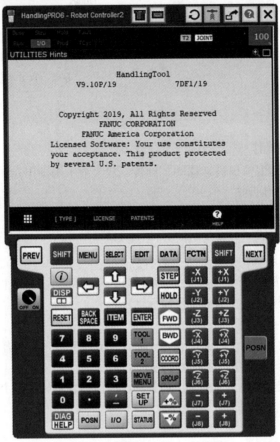

图 8-23　ROBOGUIDE 中的 TP

ROBOGUIDE 中的 TP 与现场 TP 的不同点如下:

(1) ROBOGUIDE 中的 TP 没有 DEADMAN 开关和紧急停止按钮。

(2) ROBOGUIDE 中的 TP 的右上角有六个按钮:

Show Keypad:点击后可隐藏或显示 TP 上的按钮面板。

Map keypad on keyboard:控制是否让键盘控制 TP。ROBOGUIDE 中的 TP 不仅可以用鼠标点击按钮来操作,还可以使用键盘操作,TP 上的按键会与键盘上的一个按键对应。将鼠标放到 TP 上的某个按键上,就会显示出该按键与键盘上的哪个按键相对应。

Cold Start:冷启动按键。

Allow this window to be outside the main window:允许 TP 窗口在 ROBOGUIDE 软件外显示。

QuickMove group to selected TP position:快速将机器人移动至程序中的指定位置点。

POSN:控制机器人当前的位置,点击后 TP 会显示如图 8-24 所示内容。

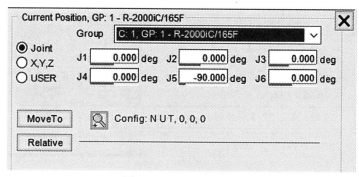

图 8-24　POSN 键界面

由图 8-24 可以看到，此时面板最上面显示该机器人选中的 Group，下面是机器人的位置信息，其中 Joint 是机器人六根轴的角度位置，X、Y、Z 是世界坐标系下机器人 TCP 的位置，USER 是用户坐标系下机器人 TCP 的位置，可以在对应的位置修改当前信息，然后点击【Move To】或按回车键，就可使机器人运动到修改后的位置，但此位置不能超出机器人的运动范围。

8.4.2　机器人相关功能

1. 机器人启动方式

在工具栏选择【Robot】—【Restart Controller】，可使机器人进行冷启动和控制启动模式，最后的【Init Start】为初始化机器人并清除所有程序。启动方式如图 8-25 所示。

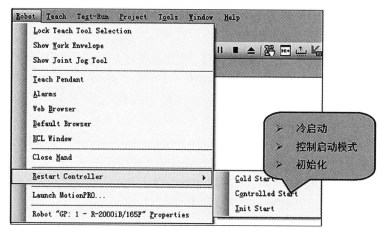

图 8-25　启动方式

2. TP 程序的导入与导出

ROBOGUIDE 中的 TP 程序与现场机器人的 TP 程序可以相互导入和导出，可以用 ROBOGUIDE 做离线编程，然后将程序导入到机器人中，或将现场的程序导入到 ROBOGUIDE 中。

点击工具栏的【Teach】(示教)—【Save All TP Programs】(保存所有 TP 程序，如图 8-26 所示)，可以直接保存 TP 程序到某个文件夹，也可将 TP 程序存为.txt 格式。若要导入程序，则选择【Load Program】(加载程序)。

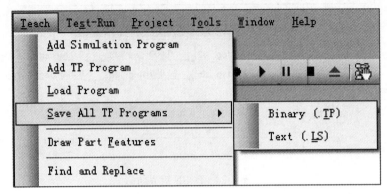

图 8-26　Save All TP Programs

当然，也可使用和现场机器人同样的方式，用 TP 将程序导出。此时导出的程序保存在对应的机器人文件夹下的 MC 文件夹中。同时，若要将其他 TP 程序导入到机器人中，也要将程序复制到此文件夹下，再执行加载操作。

8.5　添加设备

8.5.1　添加周边设备

在 ROBOGUIDE 中可添加各类对象，这些对象可分为以下三部分：

(1) ROBOGUIDE 中自带的模型库。ROBOGUIDE 软件中提供了自带的模型库，可以在模型库中寻找合适的实体对象模型。

(2) 通过其他三维软件导入的模型文件(常用的有.igs 和.stl 格式，但是对于版本较高的软件，通用的格式都可以支持)。当 ROBOGUIDE 中需要模拟使用与现实工厂相关联的真实对象时，可先使用相关 3D 软件绘制，绘制完成后导出.igs 文件，最后导入到 ROBOGUIDE 中。

(3) 简易的三维模型，如长方体、圆柱体和球体。ROBOGUIDE 提供了一些简单的立体形状，如 Box(立方体)、Cylinder(圆柱体)、Sphere(球体)。

ROBOGUIDE 中的实体对象可分为 Fixtures、Machines、Parts 和 Obstacles 四种属性。

(1) Fixtures：一种可以放置零件 Part 的属性。

(2) Machines：不仅可以放置零件 Part，还可以通过 Link 功能，使放置的零件 Part 具有运动的属性，包括直线运动和旋转运动。

(3) Parts：一种可以作为零件(工件)的属性，可以把相关对象定义为零件(工件)。

(4) Obstacles：一种可以作为修饰物品的属性，仅可作为装饰物，不可放置零件。

1. Fixtures

当模型以 Fixtures 的方式添加到 ROBOGUIDE 中时，可在此 Fixtures 上附加 Parts，当移动 Fixtures 时，附加在它上面的 Parts 也随之一起移动。

添加 Fixtures 的方法为：点击【View】—【Cell Browser】，打开【Cell Browser】面板。右键单击【Fixtures】，选择【Add Fixture】，此时出现六个选项，如图 8-27 所示。

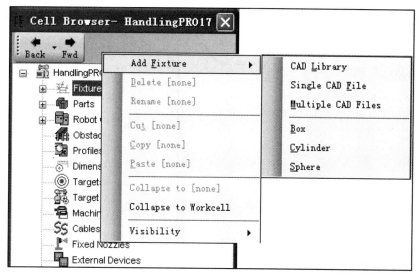

图 8-27　添加 Fixtures

添加 Fixture 的六个选项可分为三类。

(1)【CAD Library】：加载 ROBOGUIDE 中自带的三维模型库，包括传送带、夹具、加工中心等，如图 8-28 所示。

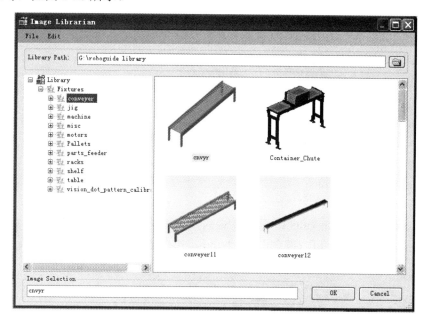

图 8-28　CAD Library 界面

(2)【Single CAD File】(单个 CAD 文件)和【Multiple CAD Files】(多个 CAD 文件)：加载由其他三维软件所导出的三维模型，还可以选择将多个模型合为一个整体，若合为一个整体，则这些模型会将各自的原点坐标系重合。

(3) 简易的三维模型，即长方体、圆柱体和球体三种，加载时以默认的尺寸载入，可根据需要进行修改。

打开 Fixture 的属性界面，如图 8-29 所示。

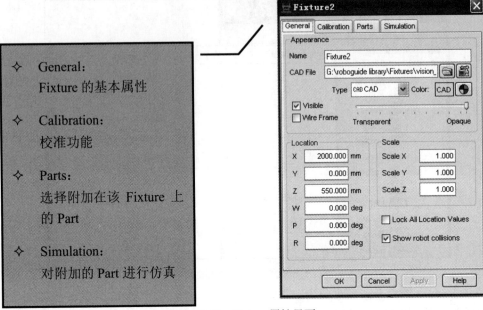

图 8-29　Fixture 属性界面

【General】选项卡下各项说明如下：

(1) Name：更改 Fixture 的名称。

(2) CAD File：所添加模型的文件路径。

(3) Visible：显示或者隐藏 Fixture(更改后要点击应用才能生效)。

(4) Type：Fixture 的类型。

(5) Color：改变 Fixture 的颜色。

(6) Wire Frame：选中后模型以线框显示。

(7) Location：以工作环境的原点为参照定义模型原点的位置。

(8) Scale：修改模型的比例尺寸。

(9) Show robot collisions：当选中时，会检测此模型是否与工作环境内的机器人有碰撞。若有，此模型会高亮显示。

(10) Lock All Location Values：当选中时，模型的位置不可更改。

若需要删除 Fixture，可右键点击该 Fixture，选择【Delete】(删除)，如图 8-30 所示。此外，也可对其进行复制粘贴操作。

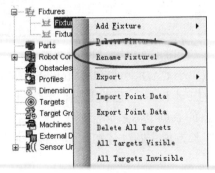

图 8-30　删除 Fixture

2. Machines

Machines 目录中的设备功能和添加在 Fixtures 目录中的设备功能一样。其功能强大之处在于，在 Machine 的本体上可以再添加 Link 或 Robot，而且添加在 Machine 上的 Link 和 Robot 在设置后可以在程序运行时一起运动，因此，当用到像滑台、转台、导轨等有多工位或者需要运动的设备时，都需要在 Machines 选项中添加设备，Machine 构架如图 8-31 所示，添加 Machine 和 Machine 中的 Link 如图 8-32 所示。

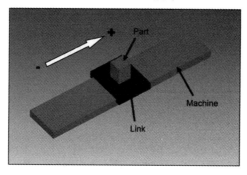

图 8-31　Machine 构架

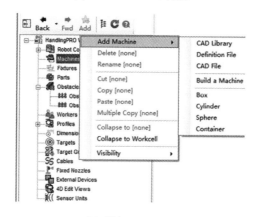

(a) 添加 Machine

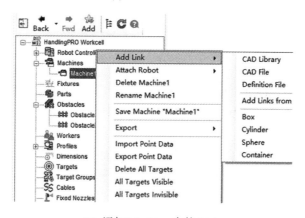

(b) 添加 Machine 中的 Link

图 8-32　添加 Machine 和 Machine 中的 Link

　　Machine 本身的设置和 Fixture 是一样的，只是 Machine 增加了 Link 的功能。点开 Link 的属性菜单后可以看到其属性菜单共有 6 个选项卡，其中【Parts】、【Simulation】、【Calibration】这 3 个选项卡和 Fixture 上的 3 个选项卡的功能是一样的。【Link CAD】选项卡则和 Fixture 属性菜单中的【General】功能相同，只不过这里的 Location 不再是数模原点到仿真环境原点的位置，而是数模原点到所在 Machine 数模原点的距离。

　　决定 Link 功能的是【General】和【Motion】这两个选项卡。

　　【General】：其功能不再是之前的设置数模位置，而是设置 Link 运动的方向。此选项卡【Name】栏可以修改 Link 的名称。勾选【Edit Axis Origin】后可以设置电机方向，启用【Couple Link CAD】选项修改电机位置时会连带改动数模的位置(所以一般不勾选，否则当调整电机方向时，会严重影响原先已经调整好的数模位置)。当设置 Link 的运动方向时，若为直线运动，则 Link 沿着电机 Z 轴正方向运动；若为旋转运动，则 Link 绕电机 Z 轴旋转。【General】窗口如图 8-33 所示。

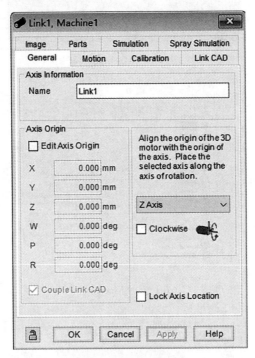

图 8-33　【General】窗口

　　【Motion】：在 ROBOGUIDE 仿真中，机器人以外的设备有两种控制方式，一种是伺服电机控制，另一种是信号控制。在设置 Link 的控制方式时，点开【Motion】选项卡后可以看到最上方有一个下拉菜单。这个下拉菜单中共有四种控制方式，依次分别为：伺服电机控制(用仿真内已经配置完成的电机控制)、设备 I/O 信号控制(用机器人 I/O 信号控制)、外部电机控制(用仿真以外的电机控制)和外部 I/O 信号控制(用仿真以外的 I/O 信号控制)。仿真中一般使用伺服电机控制或者设备 I/O 信号控制这两种形式。使用伺服电机控制时，只需在【Axis Information】中选择已配置伺服电机的 Group(组)号和 Joint(轴)号即可。使用设备 I/O 信号控制时则需要旋转轴的运动类型(旋转或直线)、运动速度(时间)、控制信号输出设备以及到位信号接收设备。【Motion】窗口如图 8-34 所示。

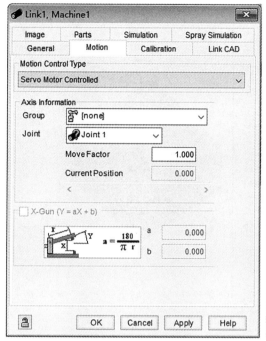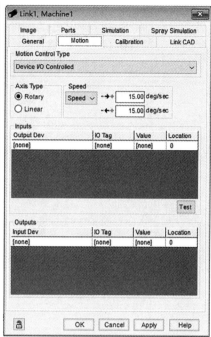

图 8-34 【Motion】窗口

3. Parts

Parts 加入到 ROBOGUIDE 中并不能马上生效，需附加到 Fixtures 或者 Machines 上才能使用。添加 Parts 的方法以及 Parts 的种类与 Fixtures 相同。

(1) 当 Parts 以 Box(立方体)的形式添加到 ROBOGUIDE 中时，会显示在一个灰色的长方体上，如图 8-35 所示，此时定义的 Part 零件(工件)仅用于展示或修改其尺寸、颜色等参数。

图 8-35 Parts

(2) 当定义了 Part 零件(工件)之后，需进一步选择要添加此 Part 的 Fixtures 或者 Machines。打开已定义的 Fixture 或 Machine 属性界面，选择【Parts】选项卡，在【Parts】选项卡下添加前期定义的 Part 零件(工件)，如图 8-36 所示。

① 左边勾选需要附加的 Part，应用后此 Part 即附加到 Fixture 上，并且原点坐标重合。

② 通过右边的【Edit Part Offset】选项可修改 Part 在 Fiture 上的位置。

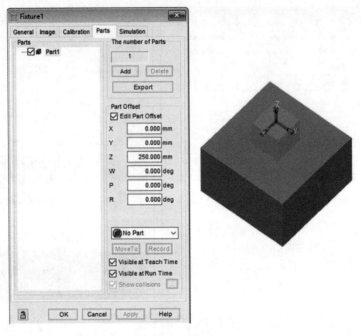

图 8-36　添加 Part

4. Obstacles

Obstacles 的添加和属性与 Fixtures 基本一样，但 Obstacles 不能让 Parts 附加在上面，其主要应用是添加一些不参与模拟，只演示现场位置的外围设备，如围栏、控制柜等。

8.5.2　添加机器人相关设备

1. 添加机器人

在 Cell Browser 中双击机器人，或在工作环境中双击机器人模型可打开机器人属性面板，如图 8-37 所示。

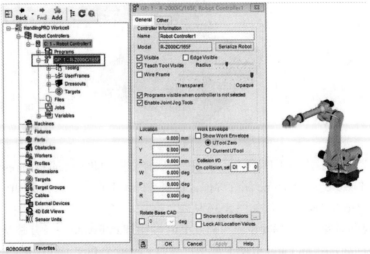

图 8-37　机器人属性面板

属性面板上有些信息与 Fixture 的信息相同，不同的信息介绍如下：

(1)【Model】：机器人的型号。

(2)【Serialize Robot】：更改机器人的设置，点击后出现如建立工作站时的界面，如图 8-38 所示。按步骤进行操作可以修改在创建机器人时选定的一些信息。

(3)【Teach Tool Visible】：是否显示 TCP 。

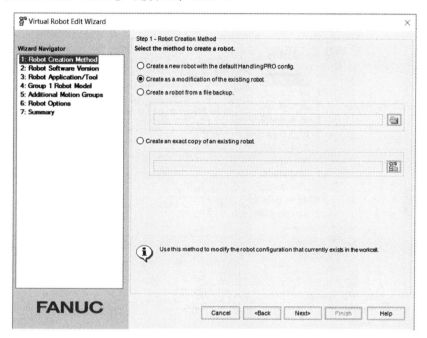

图 8-38　更改机器人设置界面

(4)【Radius】：调节 TCP 的半径。ROBOGUIDE 中 TCP 以一个绿色的球体显示，可以调节此球体的半径。

(5)【Show Work Envelop】：显示机器人的运动范围。

如果要添加机器人，可右键点击【Robot Controller】(机器人控制)，出现【Add Robot】添加机器人选项，如图 8-39 所示。

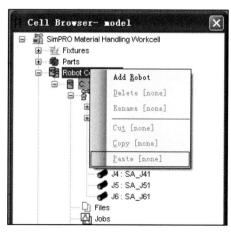

图 8-39　添加机器人选项

2. 添加 EOAT

若在机器人法兰盘上安装了手爪或焊枪，则可在该机器人下选择【Tooling】选项，出现工具目录 UT:1～UT:10，即可安装 10 把工具，双击其中一个，会出现如图 8-40 所示窗口。

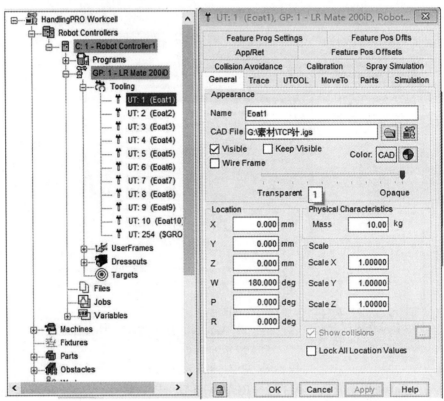

图 8-40　UT:1 工具窗口

【CAD File】为选择工具的文件目录，其右侧有两个按钮。右边的按钮为打开 ROBOGUIDE 自带的工具模型库，左边的按钮为打开三维软件导入的模型。选择好模型后点击【Apply】应用，然后调整工具的位置，或在【Location】中填写数据，可使工具正确安装在机器人法兰盘上。调整好后可选中【Lock All Location Values】锁定工具位置。

单击【UTOOL】切换到此选项卡下，此时可以编辑 TCP 的位置(设置工具坐标系)，默认的 TCP 位于机器人法兰盘的中心，装入手爪后需要重新调整 TCP 位置，将它放到手爪上。

第9章 ROBOGUIDE 基本操作

9.1 案例一：抓取和摆放工件模拟仿真

9.1.1 设置机器人属性

打开 Cell Browser 菜单，选中图标机器人(GP:1-R-2000iC/165F)，点击鼠标右键，选择 GP：1-R-2000iC/165F Properties(R-2000iC/165F 属性)，或者直接双击窗口上的机器人。

打开属性界面后，调整机器人在空间中的位置，可通过鼠标直接拖动或在【Location】中直接输入数据。为避免机器人的位置再被移动，可勾选【Lock All Location Values】(锁定所有位置数据)选项，锁定机器人，如图 9-1 所示。此时，机座坐标系由绿色变成红色。

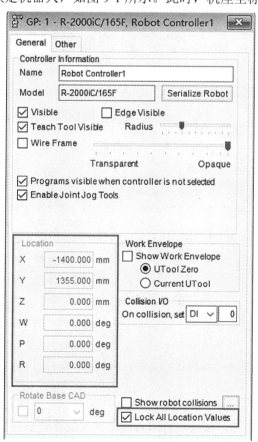

图 9-1 设置机器人属性界面

9.1.2 添加手抓和 TCP 设置

1. 添加手抓

在 Cell Browser 菜单中，选中工具 1 号，点击鼠标右键，选择【Eoat1 Properties】(机械手末端工具 1 属性)，或双击【UT：1(Eoat1)】打开属性对话框，如图 9-2 所示。

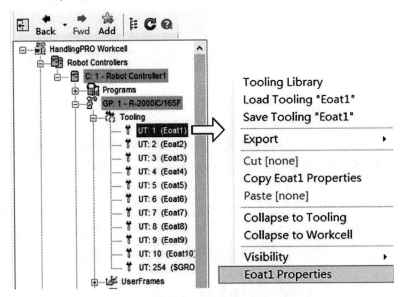

图 9-2 【UT：1(Eoat1)】属性对话框

从模型库里选择工具 36005f-200.igs，如图 9-3 所示。

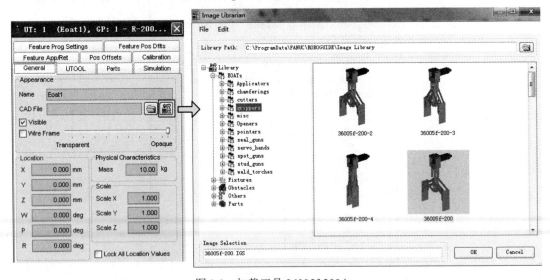

图 9-3 加载工具 36005f-200.igs

按【Apply】确认后，工具出现在机器人手部末端。若工具出现后没有在正确的位置，则需要修改工具的位置数据，使其与机器人有正确的位置关系。修改工具位置数据前如图 9-4 所示。

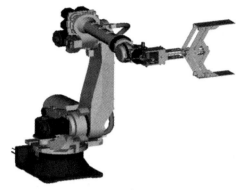

图 9-4　修改工具位置数据前

在属性界面选择【Genera】(常规)，修改位置数据 W = -90，工具就能正确地安装在机器人法兰盘上。修改 Scale 尺寸数据(0.7、0.7、0.7)，可改变工具的大小。修改工具位置数据后如图 9-5 所示。

图 9-5　修改工具位置数据后

2. TCP 设置

在工具属性界面选择【UTOOL】(工具)，勾选【Edit UTOOL】(编辑工具坐标系)，即可设置 TCP 位置，如图 9-6 所示。

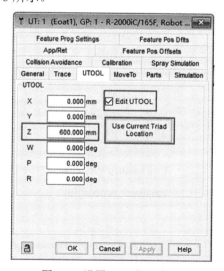

图 9-6　设置 TCP 位置窗口

TCP 设置的方法有以下两种：

(1) 使用鼠标直接拖动画面中的绿色工具坐标系，使其调整至合适位置。按【Use Current Triad Location】(使用当前位置)，软件会自动计算出 TCP 的 X、Y、Z、W、P、R 值，按【Apply】确认。

(2) 直接输入工具坐标系偏移数据，即 X = 0，Y = 0，Z = 600，W = 0，P = 0，R = 0，按【Apply】确认。

完成 TCP 设置后可看到如图 9-7 所示画面。

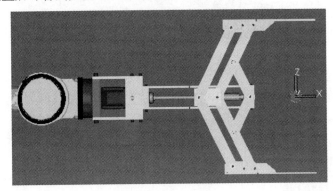

图 9-7　TCP 设置后

9.1.3　添加工具上的 Part

1. 新建 Part

在 Cell Browser 菜单中选中【Box】，点击鼠标右键选择【Add Part】—【Parts】，如图 9-8 所示。

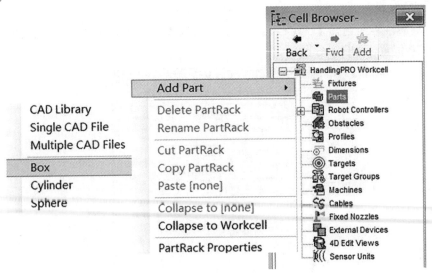

图 9-8　新建 Part

在所出现的 Part 属性对话框中，输入 Part 的大小参数，即 X = 100，Y = 100，Z = 200，按【Apply】确认，如图 9-9 所示。

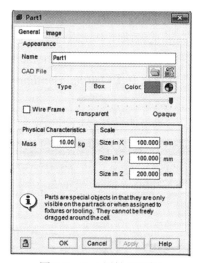

图 9-9 Part 属性对话框

注意 Parts 加入到 ROBOGUIDE 中并不能马上生效，需附加到 Fixtures 上才能使用。

2. 定义工具上的 Part

双击【UT：1(Eoat1)】打开属性对话框，选择【Parts】项，在对话框中勾选【Part1】，按【Apply】确认。在【Edit Part Offset】(编辑 Part 偏移位置)前打勾，开始定义 Part1 工具上的位置和方向，如图 9-10 所示。

位置和方向的设置方法有如下两种：

(1) 使用鼠标直接拖动画面中 Part 上的坐标系，使其调整至合适位置，按【Apply】确认。

(2) 在如图 9-10 所示的对话框中直接输入偏移数据，即 X = 0，Y = -550，Z = 0，W = -90，P = 0，R = 0，按【Apply】确认。

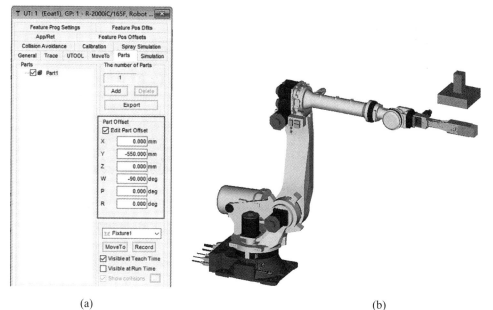

(a)   (b)

图 9-10 定义工具上的 Part 对话框及其效果图

在做仿真时经常需要模拟手爪的打开和闭合，在实现这个功能时必须事先准备两把相同的手爪，通过三维软件将一只手爪调成闭合状态，另一只手爪调成打开状态。

双击【UT：1(Eoat1)】打开属性对话框，选择【Simulation】项，并做如下操作：

(1) 在【Function】(功能)选项里选择【Material Handing-Clamp】(手爪夹紧)选项，如图9-11 所示。

(2) 在【Actuated CAD】选项里将闭合状态的工具模型 36005f-200-4.igs 进行加载。

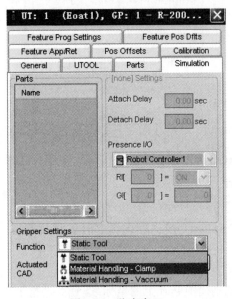

图 9-11　仿真窗口

(3) 按【Apply】后，工具加载到机器人上，即可通过单击【Open】和【Close】模拟工具打开和闭合的功能。除了单击【Open】和【Close】实现上述功能外，也可单击工具栏的按钮实现，如图 9-12 所示。

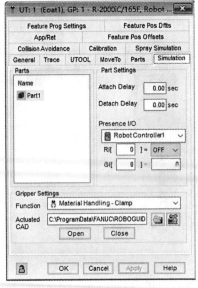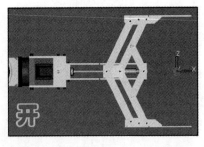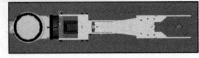

图 9-12　仿真窗口及其效果图

9.1.4 添加抓取的 Fixture_Box

1. 新建 Fixture

(1) 打开 Cell Browser —【Fixtures】—【Add Fixture】—【Box】。

(2) 设置 Fixture 的 Size(大小)：X、Y、Z 方向(长、宽、高)尺寸都为 1000 mm。

(3) 确认 Fixture 的 Location(位置)(见图 9-13)：

① 使用鼠标直接拖动画面中 Fixture 上的坐标系，使其调整至合适位置，按【Apply】确认。

② 在图 9-13 所示窗口中，在 Location 选项卡下直接输入数据，即 X = -1000，Y = 0，Z = 1000，W = 0，P = 0，R = 0，按【Apply】确认。

2. 定义抓取 Fixture 上的 Part

将 Part 关联至抓取 Fixture 上，并确定其位置补偿数据，X = 200，Y = 300，Z = 200，如图 9-14 所示。

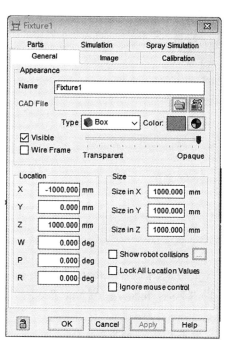

图 9-13　添加抓取的 Fixture_Box 窗口

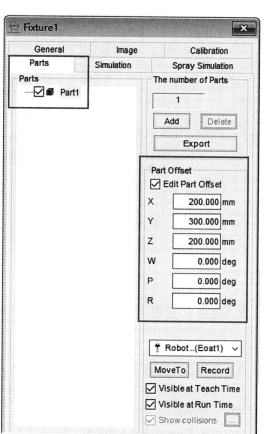

图 9-14　定义抓取 Fixture 上的 Part 窗口

3. 定义 Part 的仿真参数

双击 Fixture，出现属性对话框，选择【Simulation】(仿真)选项卡，勾选【Allow part to be picked】(允许工件被抓取)，按【Apply】确认。上述操作表明 Fixture 用于放置被抓取的

Part，修改【Create Delay】(新建延迟) 时间为 9999.00 s，表明 Part 在被抓取 9999.00 s 后，该 Fixture 上会再生成一个新的 Part，如图 9-15 所示。

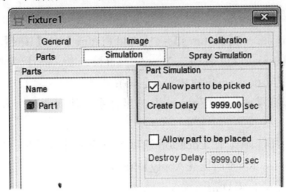

图 9-15　允许工件被抓取窗口

完成 Pick Fixture 的创建后，其效果图如图 9-16 所示。

图 9-16　设计方案(抓取 Fixture)效果图

9.1.5　添加摆放的 Fixture_Nut_Feeder01

1. 新建 Fixture

(1) 打开 Cell Browser —【Fixtures】—【Add Fixture】—【CAD Library】。

(2) 在 CAD Library 库对话框中，选择【Fixtures】—【Parts_feeder】—【Nut_Feeder01】。

(3) 设置 Fixture 的 Scale(尺寸)。

(4) 设置 Fixture 的 Location(位置)(见图 9-17)，主要有以下两种方法：

① 使用鼠标，直接拖动画面中 Fixture 上的坐标系，使其调整至合适位置，按【Apply】确认。

② 如图 9-17 所示，直接输入偏移量，即 X = 300，Y = 1500，Z = 0，W = 0，P = 0，R = -90，按【Apply】确认。

2. 定义摆放 Fixture 上的 Part

将 Part 关联至 Fixture，并确定其位置补偿数据，Y = −150，Z = 1000，如图 9-18 所示。

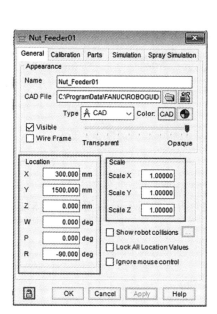

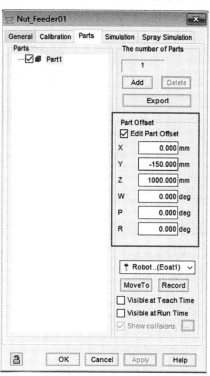

图 9-17　添加摆放的 Fixture_Nut_Feeder01 窗口　　图 9-18　定义摆放 Fixture 上的 Part 窗口

3. 定义 Part 的仿真参数

双击 Fixture，出现属性对话框，选择【Simulation】(仿真)选项卡，勾选【Allow part to be placed】(允许工件被放置)，按【Apply】确认。上述操作表明 Fixture 用于放置摆放的 Part。修改【Destroy Delay】(消失延迟)时间为 9999.00 s，表明 Part 被放置 9999.00 s 后会自动消失，如图 9-19 所示。

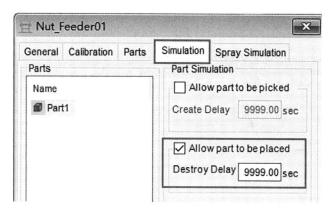

图 9-19　定义 Part 的仿真参数窗口

完成 Place Fixture 的创建后，其效果图如图 9-20 所示。

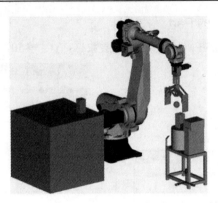

图 9-20　设计方案(抓取 Fixture 和摆放 Fixture)效果图

9.1.6　编 程

1. 创建仿真程序

点击【Teach】(示教) —【Add Simulation Program】(添加仿真程序)，出现编程画面对话框。输入程序名 pick 或者 place，如图 9-21 所示，Inst 插入指令对话框如图 9-22 所示。

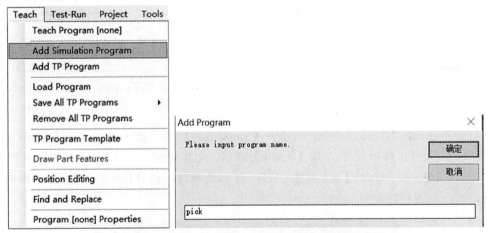

图 9-21　【Add Simulation Program】(添加仿真程序)对话框

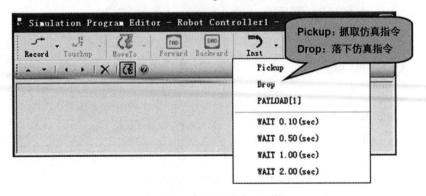

图 9-22　Inst 插入指令对话框

　　抓取仿真程序如下：抓取零件 Part1(Pickup)，从 Fixture1 上开始抓(From)，用 UT：1(Eoat1) 工具抓(With)。Pickup 指令如图 9-23 所示。

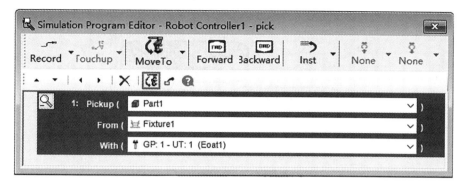

图 9-23　Pickup 指令

　　摆放仿真程序如下：摆放零件 Part1(Drop)，从 UT：1(Eoat1) 工具上开始放置(From)，放置在 Nut_Feeder01 上(On)。Drop 指令如图 9-24 所示。

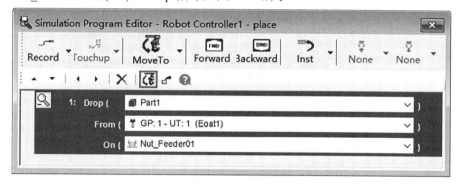

图 9-24　Drop 指令

2. 创建动作程序

(1) 点击 🔲 图标，打开 TP。

(2) 按【SELECT】(程序一览)键，进入显示程序目录画面。

(3) 按 F2【CREATE】(新建)键，使用功能键(F1～F5)输入程序名，如图 9-25 所示。

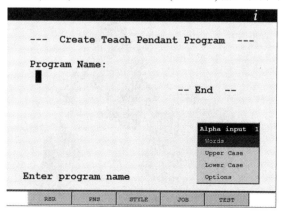

图 9-25　【CREATE】(新建)程序界面

(4) 程序名输入完毕，按 F3【EDIT】(编辑)键，进入程序编辑界面，如图 9-26 所示。

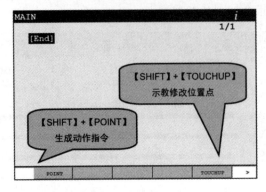

图 9-26　程序编辑界面

(5) 编写动作程序，如图 9-27 所示。

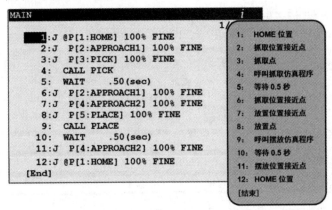

图 9-27　编写动作程序界面

3. 测试程序

运行程序时，点击工具条上的运行按键，即可看到机器人执行抓取和摆放动作，其动作轨迹如图 9-28 所示。

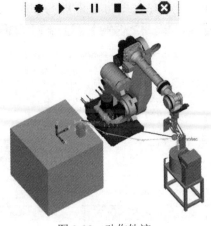

图 9-28　动作轨迹

注意 (1) 在程序仿真运行时，抓取 Fixture 上的 Part 要求运行时可见(指没被抓取之前可见)，摆放 Fixture 上的 Part 要求运行时不可见(指摆放之前，该部位 Part 不可见)，如图 9-29 所示。

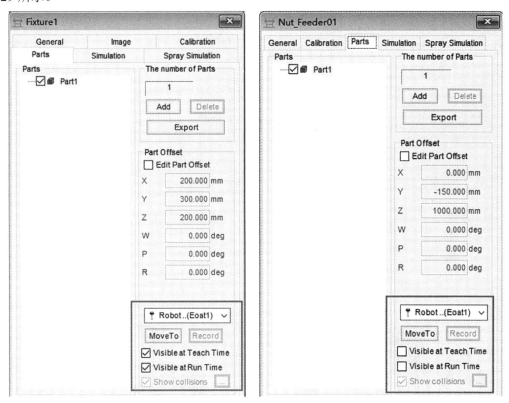

图 9-29　仿真运行时可见与不可见设置窗口

(2) 编写的仿真程序不能通过 TP 的【SHIFT】+【FWD】键执行，只能通过【Cycle Start】播放按钮执行，这样才能看到仿真效果。

9.1.7　操作小技巧

(1) 在添加工具上的 Part、抓取 Fixture 上的 Part、摆放 Fixture 上的 Part 时，要注意三者 Part 的坐标方向是否一致，尤其是 Z 轴方向是否一致，否则会导致机器人在抓取时提示位置不可达。

(2) 快速到达 Fixture 上工件 Part 的抓取点(吻合点)的方法为：双击抓取 Fixture 或摆放 Fixture 属性对话框，选择【Parts】选项，点击【MoveTo】按钮，使工业机器人上的工具(Eoat1)快速移动到 Fixture 上工件 Part 的抓取点(吻合点)，如图 9-30 所示。

(3) 快速到达 Fixture 上工件 Part 的接近点的方法为：先通过【MoveTo】按钮达到工件的抓取点，再双击打开【UT：1(Eoat1)】属性对话框中的【UTOOL】选项，选中【UTOOL】中的【Edit UTOOL】，不做任何修改并确定关闭对话框，以激活 TCP 针尖处的 TCP 工具坐标系；使用鼠标拖动 TCP 工具坐标系轴，以 +Z 方向拖动至趋近点，如图 9-31 所示(激活 TCP 坐标系的第二种方式为：【Edit UTOOL】前打勾，再把勾去掉)。

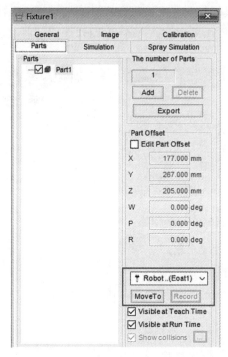

图 9-30　点击【MoveTo】按钮窗口

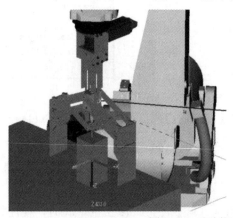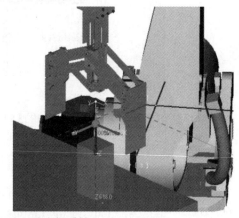

图 9-31　手动拖动 TCP 工具坐标系轴

9.2　案例二：搬运和传输工件模拟仿真

延续案例一的项目，该项目实现工件抓取、工件摆放加工、成品工件传输的模拟仿真，如图 9-32 所示。步骤要求如下：

(1) 机器人通过夹爪从 Fixture_Box 上抓取工件。

(2) 机器人搬运工件至 Fixture_Nut_Feeder01 加工台上进行加工处理，同时机器人撤离加工台并等待。

(3) 加工完毕，机器人通过夹爪夹取 Fixture_Nut_Feeder01 加工台上的工件。

（4）机器人搬运工件至 Machines_cnvyr 传输带上，传输工件至另一端。

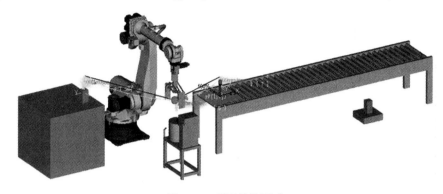

图 9-32　项目设计要求

9.2.1　添加 Machines_cnvyr

依次操作 Cell Browser —【Machine】(机构) — 点击右键 —【Add Machine】(添加机构) —【CAD Library】— Fixtures — conveyer — cnvyr，如图 9-33 所示。

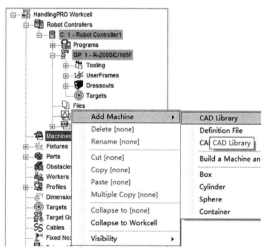

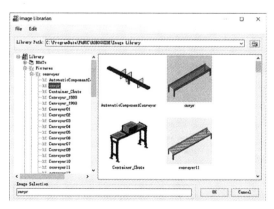

图 9-33　添加 Machines_cnvyr 窗口

打开 Machine 属性对话框，选择【General】。

(1) 设置 Location(位置)：X=1000，Y=1000，Z=750，W=0，P=0，R=90。

(2) 设置 Scale(尺寸)。

(3) 设置完毕后，锁住机构位置，勾选【Lock All Location Values】(锁定所有位置数据)，如图 9-34 所示。

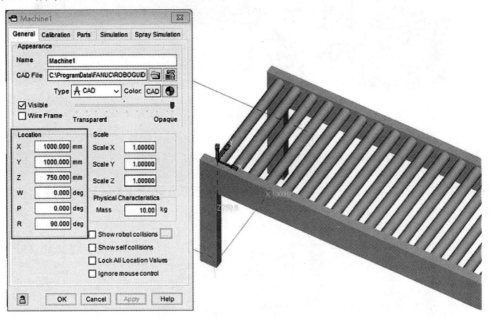

图 9-34　Machine 属性的 General 设置

9.2.2　添加 Link

(1) 选择【Machine1】(机构 1) — 点击右键 —【Add Link】(添加 Link) — 选择【Box】，将 Box 安装在 cnvyr 导轨上，如图 9-35 所示。

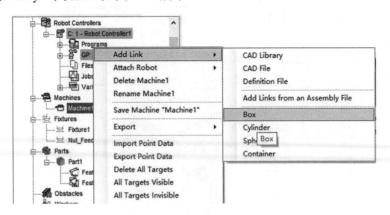

图 9-35　添加 Link

(2) 打开 Link1 属性窗口，选择【Link CAD】项，修改 Link 的位置，手动拖动 Link 的坐标轴至合适位置。修改 Scale：X = 500，Y = 500，Z = 3，如图 9-36 所示。

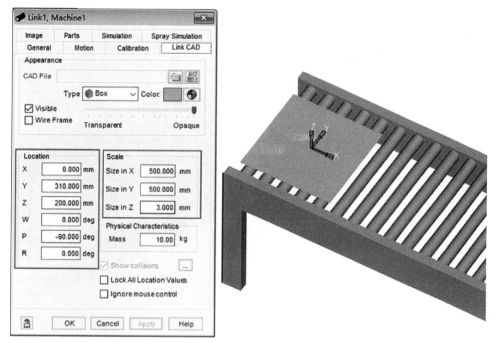

图 9-36　设置 Link

(3) 选择【General】项，设置虚拟马达位置。在 ROBOGUIDE 软件中，为模仿运动功能，需要添加虚拟马达。马达的 Z 轴指向代表 Link 的直线运动方向，马达的 Z 轴旋转方向代表 Link 的逆时针运动方向。设置虚拟马达绕 Y 轴(P)旋转 90°，使 Z 轴成水平指向。关闭【CoupleLinkCAD】功能，点击【Apply】确认，使虚拟马达单独旋转，不影响 Link 原先的位置方向，如图 9-37 所示。

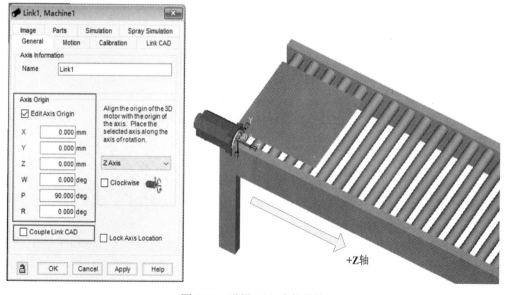

图 9-37　设置 Link 虚拟马达

(4) 选择【Parts】项，加载工件 Part1，点击【Apply】确认。选择【Edit Part Offset】，调整 Part1 在 Link 上的位置，使其处于合适位置(Z = 200)，如图 9-38 所示。

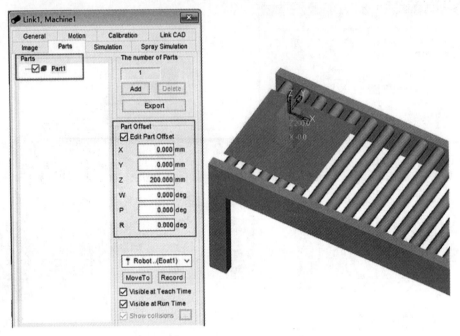

图 9-38　添加工件 Part1

(5) 选择【Motion】项，在【Motion Control Type】(电机控制类型)中选择【Device I/O Controlled】(设备输入/输出控制)，在【Axis Type】(轴类型)中选择【Linear】(直线运动)，设定合适的速度，如图 9-39 所示。

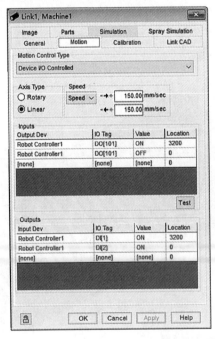

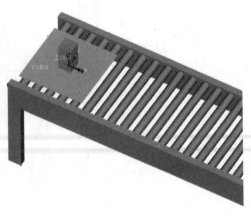

图 9-39　【Motion】选项设置

Inputs：对 Machines_cnvyr 上的 Link 来讲是输入信号，对机器人 Robot Controller1 来讲是输出的控制信号(Output Dev)，如图 9-40 所示。

当机器人 Robot Controller1 的 DO[101]为 ON 时，说明要求 Link 运动到 3200 mm 的位置。

当机器人 Robot Controller1 的 DO[101]为 OFF 时，说明要求 Link 运动到 0 mm 的位置。

Inputs			
Output Dev	IO Tag	Value	Location
Robot Controller1	DO[101]	ON	3200
Robot Controller1	DO[101]	OFF	0
[none]	[none]	[none]	0

图 9-40　控制信号 DO 设置

Outputs：对 Machines_cnvyr 上的 Link 来讲是输出信号，对机器人 Robot Controller1 来讲是输入的传感器信号(Input Dev)，如图 9-41 所示。

当机器人 Robot Controller1 的 DI[1]为 ON 时，说明 Link 已经运动到了 3200 mm 的位置。

当机器人 Robot Controller1 的 DI[2]为 ON 时，说明 Link 已经运动到了 0 mm 的位置。

Outputs			
Input Dev	IO Tag	Value	Location
Robot Controller1	DI[1]	ON	3200
Robot Controller1	DI[2]	ON	0
[none]	[none]	[none]	0

图 9-41　控制信号 DI 设置

点击【Apply】按钮后可测试 Link 的运动效果，测试方法如下：

① 点击【Test】按钮，查看 Link 的运动效果。

② 点击【Tools】下拉菜单，选择【I/O Panel Utility】，点击【Please click here to add monitoring I/Os】，设置【I/O Panel Setup】对话框，添加 DO[101]信号，实现在【I/O Panel】中手动控制 DO[101]信号，设置完成后查看 Link 的运动效果，如图 9-42 所示。

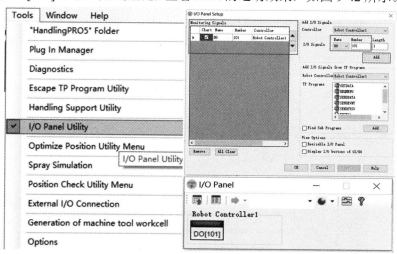

图 9-42　测试 Link 的运动效果

(6) 选择【Simulation】项，关闭允许零件被抓的功能(Allow part to be picked)，开启允许零件被放置的功能(Allow part to be placed)，并结合项目要求，设置合适的延迟时间，如图 9-43 所示。

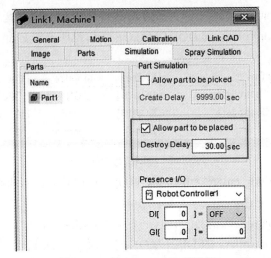

图 9-43　【Simulation】项设置

9.2.3　编　程

设置 4 个模拟仿真程序，分别为 pick1、place1、pick2、place2。

(1) pick1：抓取零件 Part1(Pickup)，从 Fixture1 上开始抓(From)，用 UT：1(Eoat1)工具抓(With)，如图 9-44 所示。

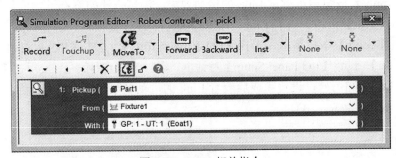

图 9-44　pick1 相关指令

(2) place1：放置零件 Part1(Drop)，从 UT：1(Eoat1)工具上开始放置(From)，放置在 Nut_Feeder01 上(On)，如图 9-45 所示。

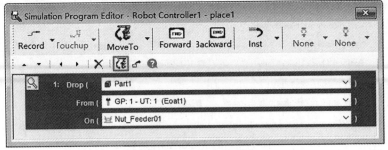

图 9-45　place1 相关指令

(3) pick2：抓取零件 Part1(Pickup)，从 Nut_Feeder01 上开始抓(From)，用 UT：1(Eoat1)工具抓(With)，如图 9-46 所示。

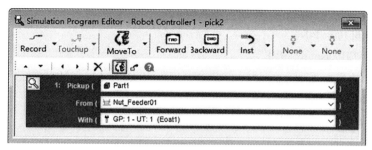

图 9-46　pick2 相关指令

(4) place2：放置零件 Part1(Drop)，从 UT：1(Eoat1)工具上开始放置(From)，放置在 Machine1:Link1 上(On)，如图 9-47 所示。

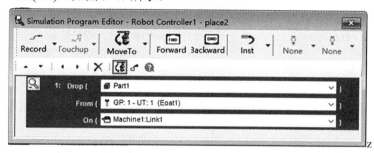

图 9-47　place2 相关指令

示例程序如下：

```
1:  DO[101]=OFF              //命令 Link 回置 0 位
2:  J P[1] 100% FINE          //从安全位置从发
3:  J P[2] 100% FINE          //趋近点
4:  L P[3] 100mm/sec FINE     //拾取点
5:  CALL PICK1               //调用抓取仿真程序(抓取 Fixture_Box 上的工件)
6:  WAIT    1.00sec
7:  J P[2] 100% FINE          //回退点
8:  J P[1] 100% FINE          //安全点
9:  J P[4] 100% FINE          //趋近点
10:  L P[5] 100mm/sec FINE    //放置点
11:  CALL PLACE1             //调用放置仿真程序(放置工件在 Fixture_ Nut_Feeder01 上)
12:  WAIT     .50sec
13:  L P[4] 3000mm/sec FINE   //回退点
14:  J P[1] 100% FINE         //安全点
15:  WAIT    3.00sec          //等待零件加工完毕
16:  J P[4] 100% FINE         //趋近点
17:  L P[5] 100mm/sec FINE    //拾取点
18:  CALL PICK2             //调用抓取仿真程序(抓取 Fixture_ Nut_Feeder01 上的工件)
19:  WAIT     .50sec
20:  L P[4] 100mm/sec FINE    //回退点
```

21:	J P[1] 100% FINE	//安全点
22:	J P[6] 100% FINE	//趋近点
23:	L P[7] 100mm/sec FINE	//放置点
24:	CALL PLACE2	//调用放置仿真程序(放置工件在 Machines_cnvyr 的 Link 上)
25:	WAIT .50sec	
26:	L P[6] 100mm/sec FINE	//回退点
27:	J P[1] 100% FINE	//完全点
28:	DO[101]=ON	//命令 Link 开始运动，运动至 3200 的地方
29:	WAIT DI[1]=ON	//等待 Link 运动到 3200 的到位信号
30:	WAIT 3.00sec	//等待工件被抓取
31:	DO[101]=OFF	//命令 Link 开始运动，回置 0 位
32:	WAIT DI[2]=ON	//等待 Link 回置 0 位，程序结束

9.2.4 操作小技巧

(1) 调整马达方向前，先将【Couple Link CAD】前面的勾去掉，可避免出现电机位置变化时 Link 位置也随之一起变化的问题。

(2) 在设置 Fixture_Box、Fixture_Nut_Feeder01、Machines_cnvyr 的【Simulation】选项时，要充分考虑工件 Part 是仅被抓，还是仅被放置，或既能被抓也能被放置的问题。明确动作流程，这对后期设置模拟仿真程序时有便利性。在本案例中，Fixture_Nut_Feeder01 上的工件 Part 既能被抓也能被放置。

9.3 案例三：轨迹模拟仿真

使用 LR Mate 200iD 型机器人，装载笔针工具，在轨迹图上进行轨迹模拟仿真。

9.3.1 添加 Obstacles_BOX1

在 ROBOGUIDE 软件中选择【Add Obstacle】，添加 Box，在属性对话框【General】中设置其尺寸为 840 mm × 600 mm × 750 mm；并设置 Box 合适的位置数据，如图 9-48 所示。

图 9-48　添加 Obstacles_BOX1

9.3.2 添加 Obstacles_BOX2

在 ROBOGUIDE 软件中选择【Add Obstacle】，添加 Box，在属性对话框【General】中设置其尺寸为 400 mm × 600 mm × 2 mm；设置 Box 的位置数据，或者鼠标拖动 Box2，使 Box2 平铺在 Box1 上，如图 9-49 所示。

图 9-49　添加 Obstacles_BOX2

在 Box2 属性对话框【Image】中，因 Box 有六个面，对应 Z axis +、Z axis −、X axis +、X axis −、Y axis +、Y axis −轴，如需把轨迹图平铺在对应面上，就在对应轴前面打勾。观察 Box2 的位置坐标方向，可知需要在 Z axis+方向上平铺轨迹图，如图 9-50 所示。

(1) 考虑轨迹图的清晰度，可在【General】中设置 Box2 的颜色为白色，即使图片的背景色为白色。

(2) 查看图片是否有过度拉伸，可在【Image】中设置轨迹图的旋转角度(Rotation)，使轨迹图的长宽拉伸至合适的比例。

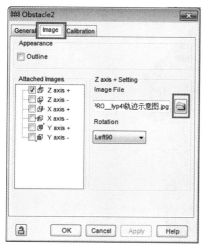
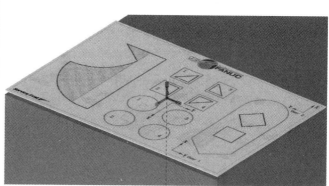

图 9-50　添加 Image

9.3.3 装载 TCP 针

在【Eoat1】的属性对话框中选择【General】，在【CAD File】一栏中通过三维软件导入模型的方式添加 TCP 针，并调节 TCP 针使其处于合适的位置，如图 9-51 所示。

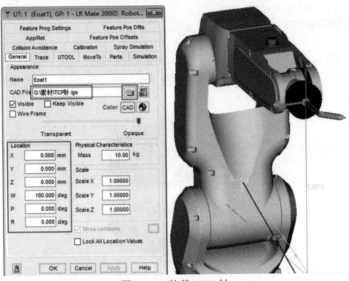

图 9-51　装载 TCP 针

在【Eoat1】的属性对话框中选择【UTOOL】，打勾选中【Edit UTOOL】，然后使用鼠标拖动的方式移动 TCP 坐标原点至针尖处，在拖动过程中可从多角度旋转查看 TCP 坐标点是否到达了针尖。到达位置后点击【Use Current Triad Location】按钮测量拖动后 TCP 坐标点的实际位置，并显示在左边坐标栏里。该操作类似于 FANUC 工业机器人工具坐标系设定中的三点法，使 TCP 坐标点发生位置偏移。如要使 TCP 坐标系的 Z 轴指向与针尖指向一致，可通过【UTOOL】坐标栏里的 W\P\R 来调整，该操作类似于 FANUC 工业机器人工具坐标系设定中的六点法，不仅使 TCP 坐标点发生位置偏移，还使 TCP 坐标点发生旋转，如图 9-52 所示。

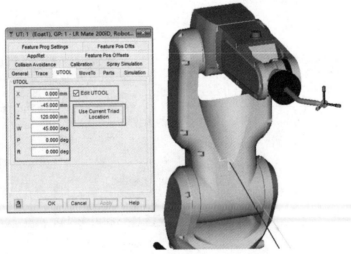

图 9-52　设置 TCP 针工具坐标系

9.3.4　HOME 姿态

打开 TP，点击 TP 上的【POSN】按钮，选择关节系 JOINT，输入六关节的数据，分别为 J1 = 0、J2 = 0、J3 = 0、J4 = -45、J5 = -90、J6 = 0，点击【MoveTo】按钮，使工业机器人运动到 HOME 点，如图 9-53 所示。

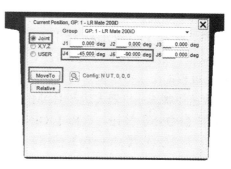

图 9-53　HOME 点数据

9.3.5　轨迹模拟

激活 TCP 坐标系，使用鼠标拖动 TCP 坐标轴，牵引工业机器人工具 TCP 到达过渡点、趋近点、吻合点、回退点，并使用 TP 编程记录相关点位的数据。在牵引到吻合点后要从多角度观察吻合，确保 TCP 针尖与轨迹点完全吻合(尤其是吻合点)，如图 9-54、图 9-55 所示。

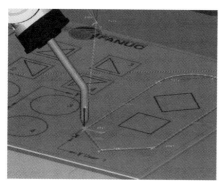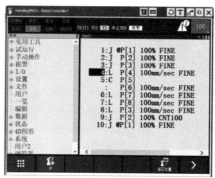

图 9-54　仿真轨迹及仿真程序编程窗口

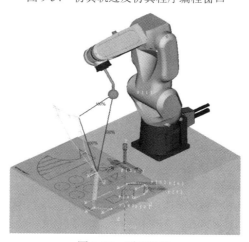

图 9-55　项目轨迹

9.3.6　操作小技巧

(1) 牵引工业机器人达到指定位置的方法：双击打开【Tooling】选项下的【UT：1(Eoat1)】属性对话框，选择【UTOOL】，选中【UTOOL】中的【Edit UTOOL】，不做任何修改并确定关闭对话框，以激活 TCP 针尖处的 TCP 坐标系。使用鼠标拖动 TCP 针工具坐标系的 X、Y、Z 轴，以致能牵引整个机器人运动。

(2) 快速控制工业机器人达到 HOME 点位置的方法：打开 ROBOGUIDE 示教器，点击示教器上的【POSN】按钮，选择【JOINT】，输入 HOME 点数据(J1、J2、J3、J4、J5、J6 关节数据)，最后点击【MoveTo】按钮，实现机器人快速运动到指定点。

第 10 章 ROBOGUIDE 应 用

10.1 电机附加轴参数设置

以行走轴为例，在 ROBOGUIDE 中添加电机控制附加轴。

(1) 在前期新建 Workcell 至第六步软件选择时，勾选【Extended Axis Control (J518)】，如图 10-1 所示。若不进行选择，则 Workcell 中将无法进行附加轴配置设定。

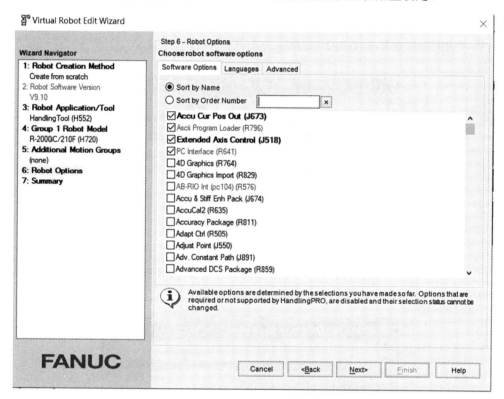

图 10-1 勾选【Extended Axis Control (J518)】

① 895 Independent Axes 为与 6 轴不同组的附加轴。

② J518 Extended Axis Control 为与 6 轴同一组的附加轴。

(2) 打开新建的 Workcell 后，行走轴的设置需要在 Controlled Start 模式下进行。

Controlled Start(控制启动)模式进入方式：选择【Robot】(机器人) —【Restart Controller】(重启控制器) —【Controlled Start】(控制启动)，机器人准备重启，并弹出 TP 窗口，如图 10-2 所示。

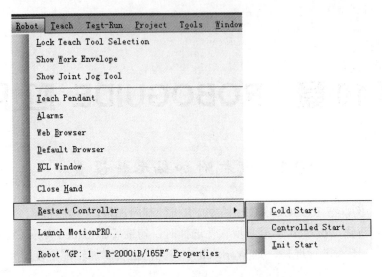

图 10-2　Controlled Start(控制启动)模式

(3) 按 TP 窗口点击【Menu】(菜单)，选择【9. MAINTENANCE】(机器人设定)，如图 10-3 所示。

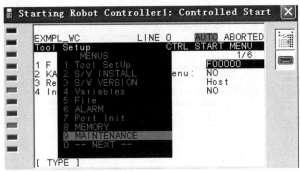

图 10-3　选择【9. MAINTENANCE】

(4) 移动光标至【Extended Axis Control】(附加轴)，按【F4 MANUAL】(手动)，如图 10-4 所示。

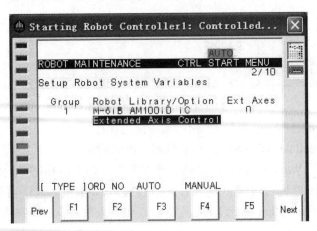

图 10-4　选择【Extended Axis Control】(附加轴)

(5) 输入数字 1，选择【Group1】，按【Enter】确认，如图 10-5 所示。

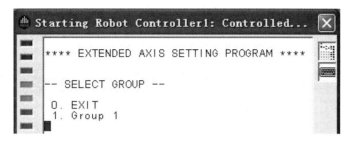

图 10-5　输入数字 1. Group1

(6) 将此附加轴作为工业机器人的第 7 轴，所以输入数字 7，按【Enter】确认，如图 10-6 所示。

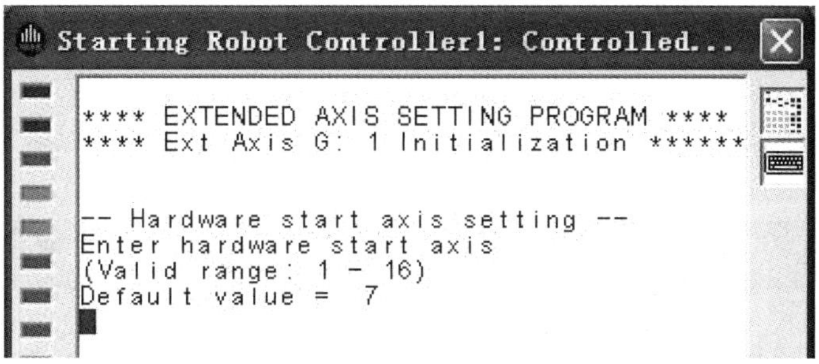

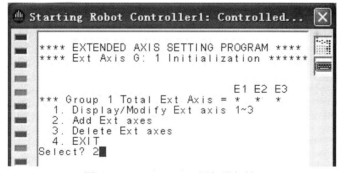

图 10-6　添加第 7 轴

(7) 输入数字 2，选择【Add Ext axes】(添加附加轴)，按【Enter】确认，如图 10-7 所示。

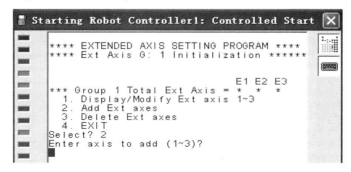

图 10-7　Add Ext axes(添加附加轴)

(8) 输入数字 1(添加 1 个附加轴)，按【Enter】确认，如图 10-8 所示。

图 10-8　添加 1 个附加轴

(9) 输入数字 2，选择【Enhanced Method】(快速创建方法)，按【Enter】确认，如图 10-9 所示。其中 Standard Method 为标准方法，如果不知道 FANUC 电机的型号，也可以选择 Enhanced Method 实现快速创建，选择相应的伺服马达和马达转速，以及伺服电机的最大电流等。

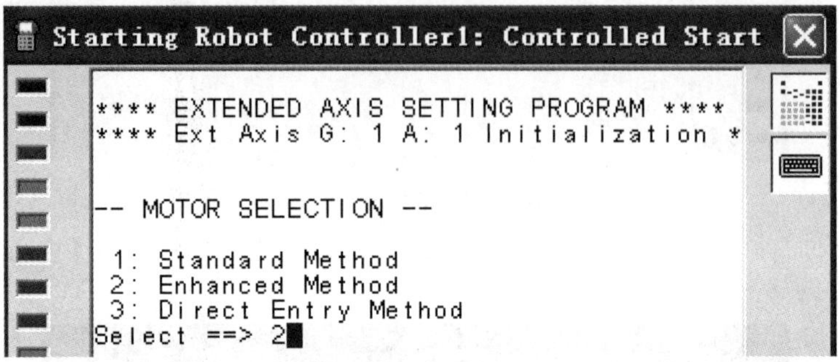

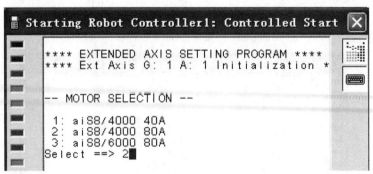

图 10-9　Enhanced Method

(10) 输入数字 62，选择【ai S8】(附加轴中所使用的电机种类)，按【Enter】确认，如图 10-10 所示。

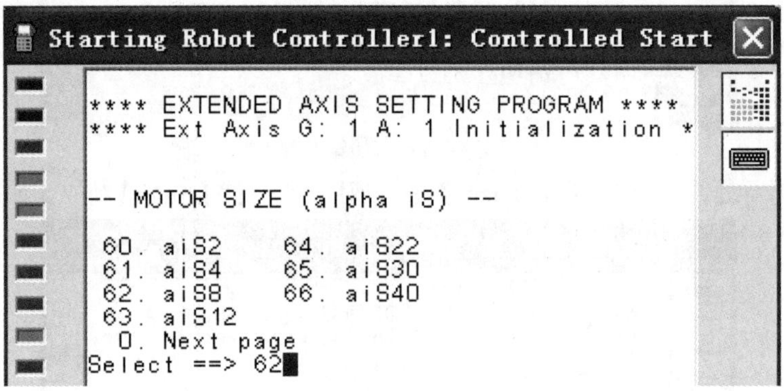

图 10-10　ai S8(附加轴中所使用的电机种类)

(11) 输入数字 2，选择【ai S8/4000 80A】(电机的类型和最大电流控制值)，按【Enter】确认，如图 10-11 所示。根据所使用的伺服马达和附加轴放大器的铭牌，选择电机型号和电流规格。

图 10-11　ai S8/4000 80A(电机的类型和最大电流控制值)

(12) 输入数字 1，选择【Integrated Rail(Linear axis)】(直线轴)，按【Enter】确认，如图 10-12 所示。附加轴的类型包括 Linear axis(直动轴)和 Rotary axis(旋转轴)。

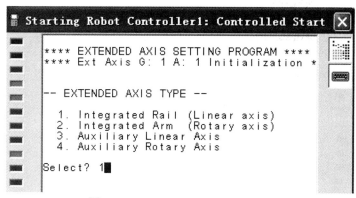

图10-12　Integrated Rail(Linear axis)

(13) 输入数字2，选择【Y】，按【Enter】确认，如图10-13所示。设定附加轴的安装方向相对世界坐标系的哪个轴平行安装。

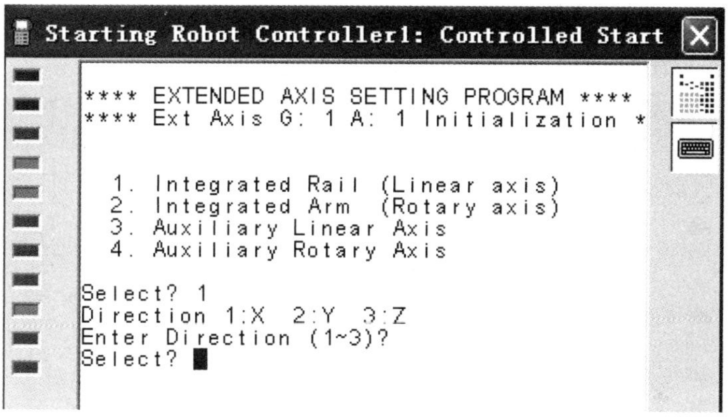

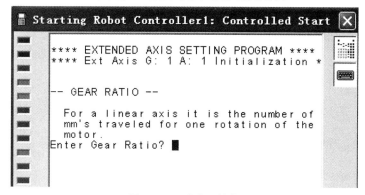

图10-13　Y方向

(14) 输入数值10(减速比的值)，按【Enter】确认，如图10-14所示。在直动轴的情况下，输入电机旋转1周的附加轴移动距离(mm)；在旋转轴的情况下，输入附加轴旋转1周所需的电机的转速；减速比的值越大，附加轴的运动速度越快。

图10-14　减速比的值

(15) 输入数字2，选择【No Change】，按【Enter】确认，如图10-15所示。

① 设定最大的轴速度。

② 1(Change)：需要更改，并输入值。

③ 2(No Change)：使用建议值。

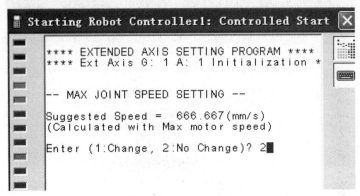

图 10-15　No Change

(16) 输入数字 2，选择【FALSE】，按【Enter】确认，如图 10-16 所示。

① 1(TRUE)：附加轴相对电机正转的可动方向为正。

② 2(FLASE)：附加轴相对电机正转的可动方向为负。

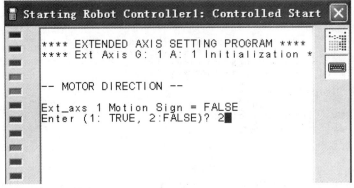

图 10-16　FLASE

(17) 输入数字 4000，按【Enter】确认，如图 10-17 所示，以 mm 为单位输入附加轴运动范围的上限值。

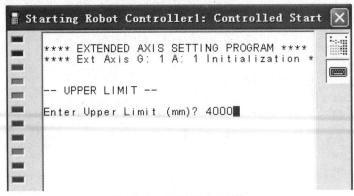

图 10-17　运动范围上限值

(18) 输入数字-100，按【Enter】确认，如图 10-18 所示。以 mm 为单位输入附加轴运动范围的下限值。

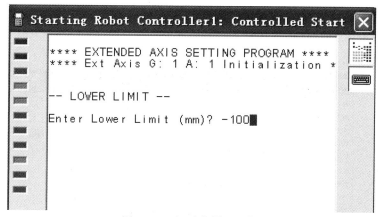

图 10-18　运动范围下限值

(19) 输入数字 0(校准位置)，按【Enter】确认，如图 10-19 所示。

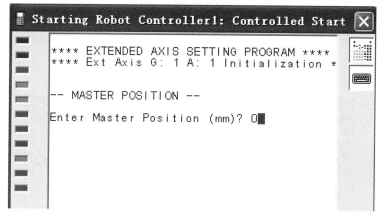

图 10-19　校准位置

(20) 输入数字 2，选择【No Change】，按【Enter】确认，如图 10-20 所示。

① 设定附加轴第 1 加减速时间常数。

② 1(Change)：需要更改，并输入值。

③ 2(No Change)：使用建议值。

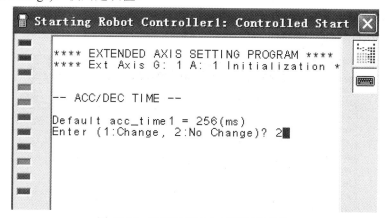

图 10-20　附加轴第 1 加减速时间常数

(21) 输入数字 2，选择【No Change】，按【Enter】确认，如图 10-21 所示。

① 设定附加轴第 2 加减速时间常数。

② 1(Change)：需要更改，并输入值。

③ 2(No Change)：使用建议值。

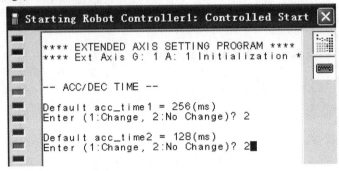

图 10-21　附加轴第 2 加减速时间常数

(22) 输入数字 2，选择【No Change】，按【Enter】确认，如图 10-22 所示。

① 设定最小加减速时间。

② 1(Change)：需要更改，并输入值。

③ 2(No Change)：使用建议值。

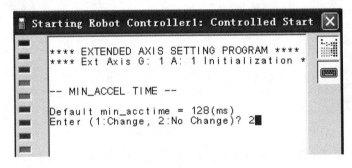

图 10-22　最小加减速时间

(23) 输入数字 3，按【Enter】确认，如图 10-23 所示。

① 设定相对电机轴换算总负载惯量的惯量比。

② 0(None)：不设定惯量比。

③ 1~5(Vaild)：设定惯量比。

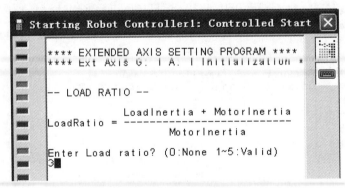

图 10-23　惯量比

(24) 输入数字 2，按【Enter】确认，如图 10-24 所示。

① 设定伺服放大器编号。

② 机器人本身的 6 轴伺服放大器为 1，与其相连接的附加轴伺服放大器为 2。

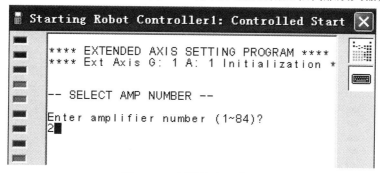

图 10-24 伺服放大器编号

(25) 输入数字 2，按【Enter】确认，如图 10-25 所示，选择伺服放大器的类型。

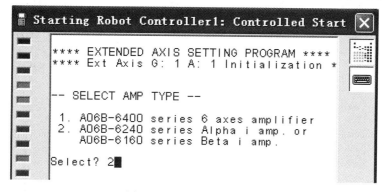

图 10-25 伺服放大器类型

(26) 输入数字 1，按【Enter】确认，如图 10-26 所示。

① 设定制动器的编号，此编号表示附加轴的马达抱闸线连接位置。

② 0：附加轴无抱闸。

③ 1：附加轴的马达抱闸线是与 6 轴伺服放大器相连的。

④ 2：使用单独的抱闸单元，附加轴的马达抱闸线与抱闸单元上的 C 口连接。

⑤ 3：使用单独的抱闸单元，附加轴的马达抱闸线与抱闸单元上的 D 口连接。

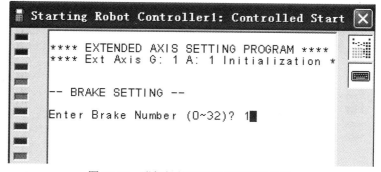

图 10-26 附加轴的马达抱闸线连接位置

(27) 输入数字 1，选择【Enable】，按【Enter】确认，如图 10-27 所示。

① 附加轴伺服超时设定。

② 1(Enable)：伺服断开有效，在一定时间内轴没有移动，电机的抱闸自动启用。

③ 2(Disable)：不使用该功能，一般希望尽量缩短循环时间。

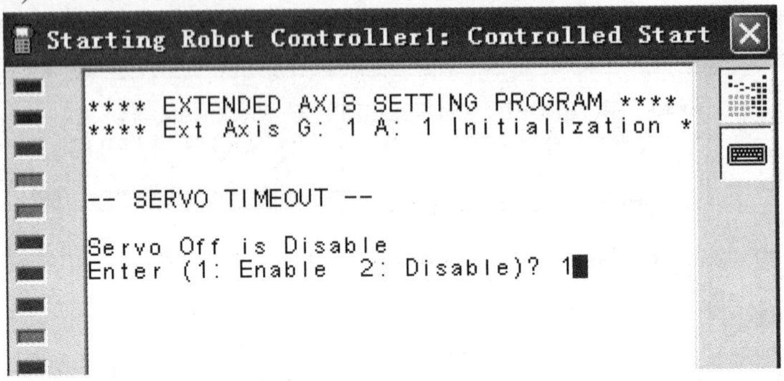

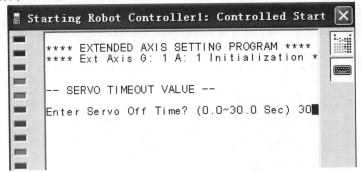

图 10-27　附加轴伺服超时设定

(28) 输入数字 30，按【Enter】确认，如图 10-28 所示，设定伺服关闭时间。

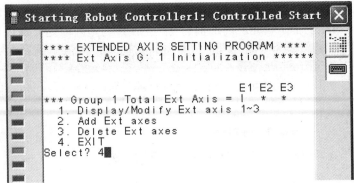

图 10-28　设定伺服关闭时间

(29) 输入数字 4，选择【Exit】，按【Enter】确认，如图 10-29 所示。

① 1(Display/Modify Ext axis)：显示或更改附加轴的设定。

② 2(Add Ext axes)：添加附加轴。

③ 3(Delete Ext axes)：删除附加轴。

④ 4(EXIT)：退出。

图 10-29　Exit

(30) 完成设定后，机器人需要冷启动，退出控制启动模式，如图 10-30 所示。

按【Fctn】键，选择【1. START(COLD)】，按【Enter】确认，退回到一般模式界面。

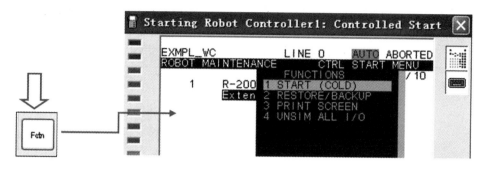

图 10-30　冷启动

10.2　电机附加轴创建

10.2.1　自建数模创建

(1) 依次操作 Cell Browser —【Machine】(机构) — 点击右键 —【Add Machine】(添加机构) —【Box】，如图 10-31 所示。

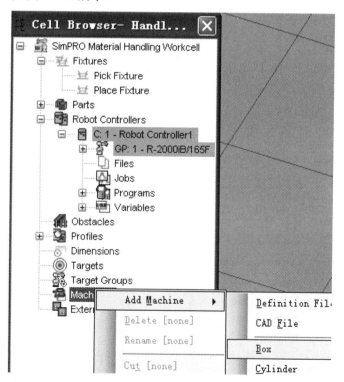

图 10-31　【Add Machine】窗口

(2) 在 Machine 属性界面选择【General】，如图 10-32 所示。

① 设置行走轴位置，使其调整至合适位置。

② 设置行走轴尺寸：X = 800，Y = 4000，Z = 200。

③ 设置完毕，调整位置后可锁住机构位置，勾选【Lock All Location Values】(锁定所有位置数据)。

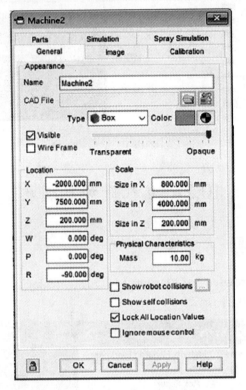

图 10-32　Machine 属性界面

(3) 选择【Machine1】(机构 1)— 点击右键 —【Attach Robot】(附加机器人)— 选择对应的机器人安装在导轨上，如图 10-33 所示。

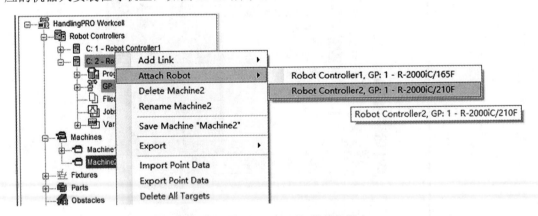

图 10-33　【Attach Robot】(附加机器人)

(4) 选择【Link CAD】项，修改机器人的位置方向，设定 Y = −1500，如图 10-34(a)所示。注：此项用于确定 Link(此时指机器人)的 Master Position(校准位置)。

(5) 选择【General】项，设置虚拟马达位置，使马达的 Z 轴方向与行走轴的运动方向一致，设置 X = 0，Y = 0，Z = 0，W = −90，P = 0，R = 0，如图 10-34(h)所示。

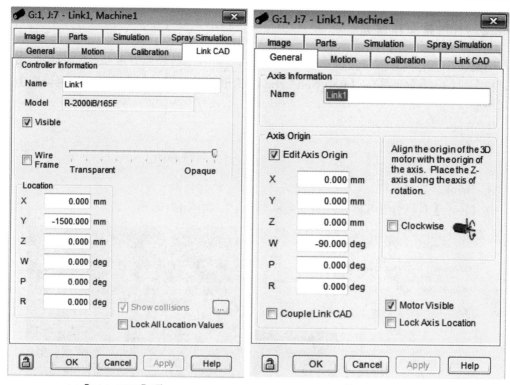

(a)【Link CAD】项　　　　　　　　　(b)【General】项

图 10-34　【Link CAD】项和【General】项

(6) 选择【Motion】(动作)项 —【Servo Motor Controlled】，确定附加轴的控制方式和轴的信息，如图 10-35 所示。附加轴的控制方式如下：

① Servo Motor Controlled(伺服马达控制)。

② Device I/O Controlled(设备输入/输出控制)。

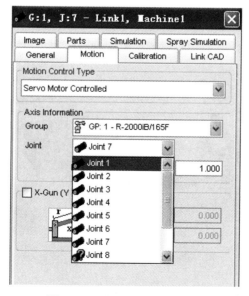

图 10-35　【Motion】(动作)项

10.2.2　利用模型库创建

ROBOGUIDE 软件库中自带了行走轴的数模，可利用数模建立机器人的行走轴。点击工具栏上的【Tools】(工具) —【Rail Unit Creator Menu】(轨道单元创建菜单)，出现如图 10-36 所示画面。

① Type：机器人系列。
② Cable：滑台位置。
③ Length：导轨长度。
④ Name：导轨名称。

按【Exec】(执行)便可将导轨添加到机器人上，如图 10-36 所示。

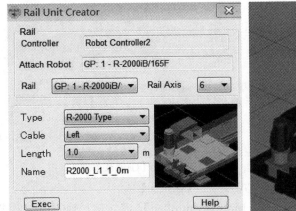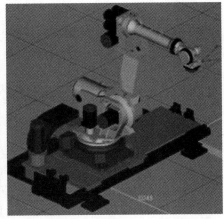

图 10-36　模型库创建

10.3　案例四：机器人附加轴运动模拟仿真

延续案例二的项目，此方案通过机器人附加轴的应用，实现工件传输、转移的模拟仿真，如图 10-37 所示。

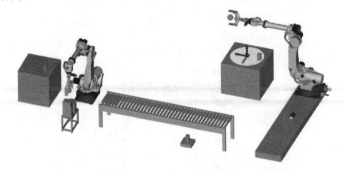

图 10-37　案例四项目要求

仿真要求如下：

(1) 新增一台机器人 Robot Controller2，型号为 R-2000iC/210f。

（2）设置行走轴，移动范围为 4 米(工作站中的其余部件和尺寸都可自定义)。

（3）仿真开始和结束时，机器人都在 HOME 位置(J1 = 0°、J2 = 0°、J3 = 0°、J4 = 0°、J5 = −90°、J6 = 0°、E1 = 2000 mm)。

（4）工具和工件都需要有仿真动画效果。

（5）编写 Robot Controller2 机器人抓取和放置程序，规划合理路线，设计过渡点；机器人仿真动作步骤要求如图 10-38 所示。

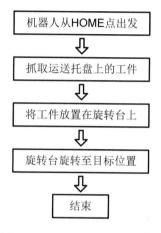

图 10-38　机器人仿真动作步骤

10.3.1　新增工业机器人

在案例二的基础上，添加一台机器人。点击【Robot Controllers】(机器人控制)根目录下的【C：1-Robot Controller1】，右击选择 Add Robot — Single Robot-Serialize Wizard 打开机器人设置向导，如图 10-39 所示。在设置向导过程中，设置机器人的型号为 R-2000iC/210f。创建至第八步 Robot Options 时，在【Software Options】选项勾选【Extended Axis Control(J518)】，在【Languages】选项勾选【Chinese Dictionary】(中文)。

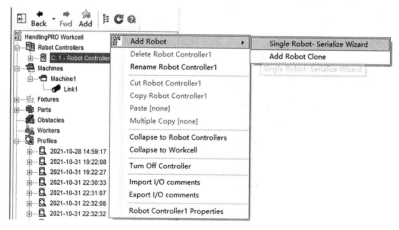

图 10-39　添加一台机器人

添加第二台工业机器人 Robot Controller2，如图 10-40 所示。

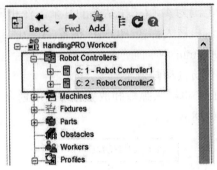

图 10-40　添加第二台工业机器人

10.3.2　添加与设置

调整第二台工业机器人的位置，添加该机器人的手抓，设置 TCP、添加 Part、设置 Simulation，具体步骤略，如图 10-41 所示。

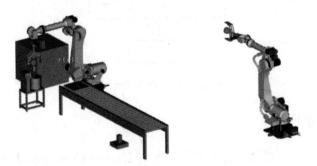

图 10-41　调整第二台工业机器人位置

10.3.3　设置电机附加轴

(1) 设置电机附加轴参数，具体步骤略。

(2) 创建附加轴(自建数模创建的方法)，具体步骤略。

以 Box 的形式创建 Machine2(尺寸为 X = 800，Y = 4000，Z = 200)，在 Machine2 上装载(Attach)工业机器人 Robot Controller2，如图 10-42 所示。

① 设置虚拟马达，使马达的 Z 轴方向与行走轴的运动方向一致。

② 附加轴的控制方式为 Servo Motor Controlled(伺服马达控制)，Joint = 7。

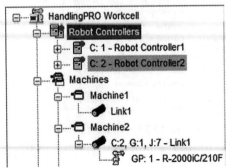

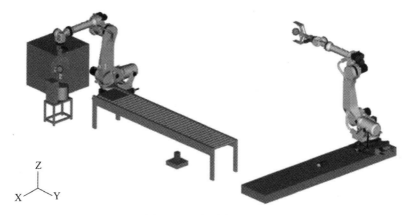

图 10-42　自建数模创建

10.3.4　添加 Machine3_Box

调整 Box 至合适位置，设置 Box 尺寸(Scale)为 1200 mm × 1200 mm × 1000 mm(可自定义)，如图 10-43 所示。

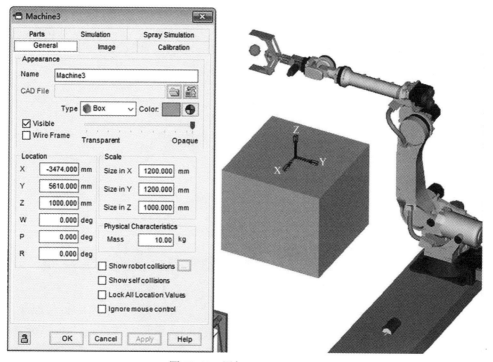

图 10-43　添加 Machine3_Box

10.3.5　添加 Machine3_Box_Link

以圆柱(Cylinder)的形式添加 Link。

(1) Link_LinkCAD：调整圆柱至合适位置，设置圆柱(Cylinder)尺寸(Size)：直径为 1000 mm，长度 2 mm，如图 10-44 所示。

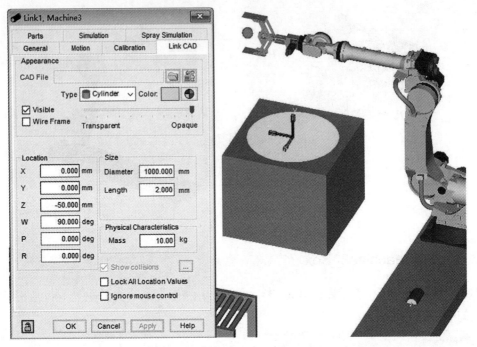

图 10-44　添加 Machine3_Box_Link

(2) Link_Parts：加载零件 Part1，通过【Part Offset】选项调整零件 Part1 至合适的位置 (注意零件的 Z 轴方向要与之前一致)，如图 10-45 所示。

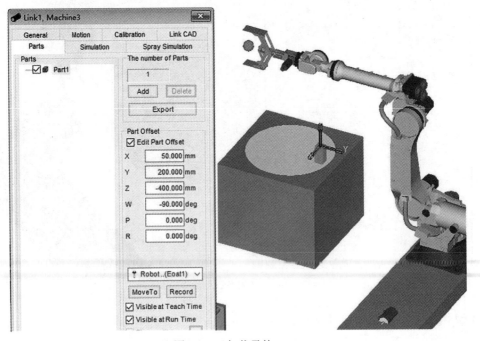

图 10-45　加载零件 Part1

(3) Link_General：检查 Link 的电机轴是否正确，这里是做旋转运动，故电机轴无需调整，如图 10-46 所示。

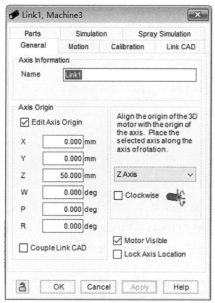

图 10-46　检查 Link 的电机轴

(4) Link_Motion：设置 Device I/O Controlled 设备输入/输出控制模式，调整电机为旋转运动，选择合适的速度(Speed)，如图 10-47 所示。

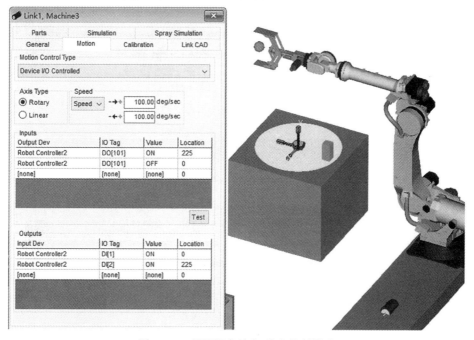

图 10-47　设置设备输入/输出控制模式

Inputs：对 Machines3_Box 上的 Link 来讲是输入信号，对机器人 Robot Controller2 来讲是输出的控制信号(Output Dev)。

当机器人 Robot Controller2 的 DO[101]为 ON 时，说明要求 Link 旋转运动到 225° 的位置。

当机器人 Robot Controller2 的 DO[101]为 OFF 时，说明要求 Link 旋转运动到 0°的位置。

Outputs：对 Machines3_Box 上的 Link 来讲是输出信号，对机器人 Robot Controller2 来讲是输入的传感器信号(Input Dev)。

当机器人 Robot Controller2 的 DI[1]为 ON 时，说明 Link 已经运动到了 0°的位置。

当机器人 Robot Controller2 的 DI[2]为 ON 时，说明 Link 已经运动到了 225°的位置。

10.3.6　编　程

1. 仿真程序

Robot Controller1 设置 4 个模拟仿真程序，分别为 pick1、place1、pick2、place2。

Robot Controller2 设置 2 个模拟仿真程序，分别为 pick11、place11。

pick11：抓取零件 Part1(Pickup)，从 Machine1:Link1 上开始抓(From)，用 Robot Controller2：UT：1(Eoat1)工具抓(With)，如图 10-48 所示。

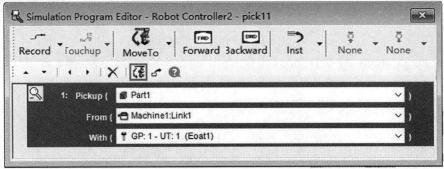

图 10-48　pick11 相关指令

place11：放置零件 Part1(Drop)，从 Robot Controller2：UT：1(Eoat1)工具上开始放置(From)，放置在 Machine3:Link1 上(On)，如图 10-49 所示。

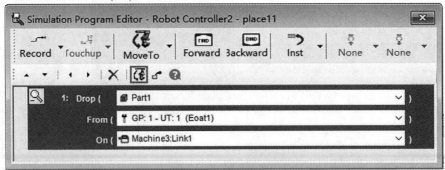

图 10-49　place11 相关指令

2. 示例程序

(1) Robot Controller1 程序。

```
1:  DO[101]=OFF        //托盘复位
2:  J P[1] 100% FINE
3:  J P[2] 100% FINE
```

```
 4:  L P[3] 100mm/sec FINE
 5:  CALL PICK1
 6:  WAIT    1.00sec
 7:  J P[2] 100% FINE
 8:  J P[1] 100% FINE
 9:  J P[4] 100% FINE
10:  L P[5] 100mm/sec FINE
11:  CALL PLACE1
12:  WAIT     .50sec
13:  L P[4] 3000mm/sec FINE
14:  J P[1] 100% FINE
15:  WAIT    3.00sec              //加工
16:  J P[4] 100% FINE
17:  L P[5] 100mm/sec FINE
18:  CALL PICK2
19:  WAIT     .50sec
20:  L P[4] 100mm/sec FINE
21:  J P[1] 100% FINE
22:  J P[6] 100% FINE
23:  L P[7] 100mm/sec FINE
24:  CALL PLACE2
25:  WAIT     .50sec
26:  L P[6] 100mm/sec FINE
27:  J P[1] 100% FINE
28:  DO[101]=ON
29:  WAIT DI[1]=ON
30:  WAIT   18.00sec
31:  DO[101]=OFF
32:  WAIT DI[2]=ON
```

(2) Robot Controller2 程序。

```
1:  J P[1] 100% FINE
2:  WAIT DI[3]=ON              //等待工件到位
3:  J P[2] 100% FINE
4:  J P[3] 100% FINE
5:  L P[4] 100mm/sec FINE
6:  CALL PICK11
7:  WAIT    1.00sec
8:  L P[3] 100mm/sec FINE
9:  DO[101]=OFF               //转盘复位
```

```
10:   J P[2] 100% FINE
11:   L P[1] 100mm/sec FINE
12:   J P[5] 100% FINE
13:   L P[6] 100mm/sec FINE
14:   CALL PLACE11
15:   WAIT    1.00sec
16:   L P[5] 100mm/sec FINE
17:   J P[1] 100% FINE
18:   DO[101]=ON
19:   WAIT DI[1]=ON
20:   DO[101]=OFF
21:   WAIT DI[2]=ON
```

10.3.7   操作小技巧

在 Machine1(cnvyr)的 Link(托盘)的【Motion】设置中，与案例二不同的是，增加了 Robot Controller2 的反馈信号 DI[3]，当托盘运动到 3300 mm 位置时，传感器的反馈信号给予了 Robot Controller2 的 DI[3]，表示装载零件的托盘已到位，Robot Controller2 可以抓取零件了，如图 10-50 所示。

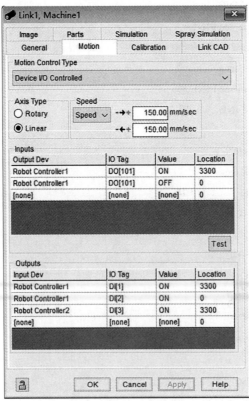

图 10-50   【Motion】设置页面

10.4　案例五：机器人码垛综合模拟仿真

仿照真实的工作现场，在软件中建立一个虚拟的工作站。在此仿真工作站上，完成使用一台带夹爪工具的机器人从一个 Fixture 上抓取 Part 放置到另一个 Fixture 上的码垛仿真动作程序。

10.4.1　Workcell 设置

通过【New Cell】打开机器人设置向导，按照正常步骤创建搬运工作站。设置机器人型号为 LR Mate200iD，创建至第八步 Robot Options 时，在【Software Options】选项中勾选【Palletizing(J500)】，在【Languages】项中勾选【Chinese Dictionary】(中文)，如图 10-51所示。

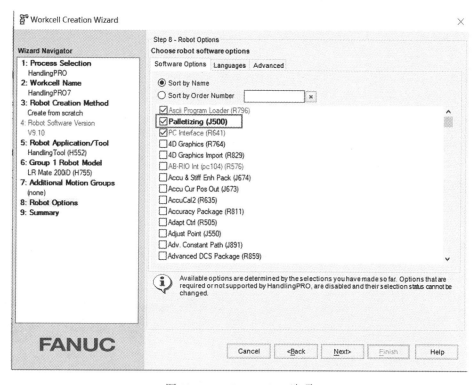

图 10-51　Robot Options 选项

10.4.2　添加机器人夹具

本次不再使用 ROBOGUIDE 自带模型库里的工具，而采用自己设计的 3D 夹爪工具，并使夹爪工具带有运动仿真效果。在 GP:1-LR Mate 200iD 的 Tooling 工具中对【UT:1(Eoat1)】进行设置，双击【UT:1(Eoat1)】或鼠标右击【UT:1(Eoat1)】选择【Eoat1 Properties】，打开属性对话框。在属性对话框【General】选项中加载"机器人夹具.IGS" 3D 模型文件，并调整机器人夹具至合适位置。在调整过程中可通过鼠标拖动坐标轴进行粗调,再通过【Location】输入轴坐标尺寸数据进行微调, 如图 10-52 所示。

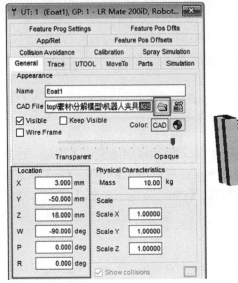

图 10-52   加载 "机器人夹具.IGS"

考虑夹爪需要带有运动仿真效果,可通过 Link 的功能解决。依次进行以下操作:右击【UT:1(Eoat1)】—【Add Link】—【CAD File】— 选择 "机器人夹指.IGS" 3D 模型文件 —确定。

1. Link 夹指 1_Link CAD

在机器人的法兰盘上安装机器人夹指,并将其调整至合适位置,如图 10-53 所示。

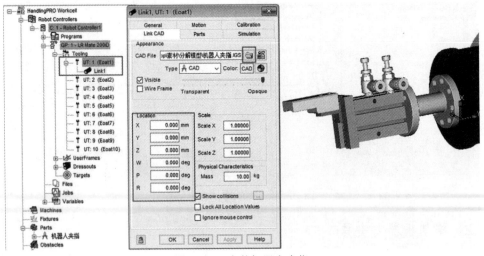

图 10-53   安装机器人夹指

2. Link 夹指 1_General

通过【Axis Origin】选项调整电机轴的方向,使虚拟电机轴的指向与夹具夹指 1 的方向一致。选中【Edit Axis Origin】以激活虚拟电机,不选中【CoupleLink CAD】以实现虚拟电机与夹具分离，单独调整虚拟电机的位置。在调整过程中可通过鼠标旋转坐标轴进行粗调，再通过输入轴坐标尺寸进行微调，使虚拟电机轴的指向与夹具夹指 1 的运动方向呈平行关系，如图 10-54 所示。

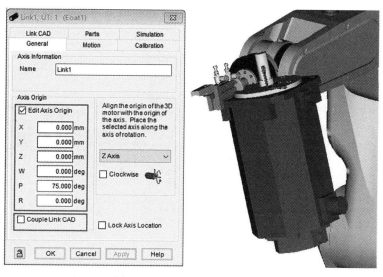

图 10-54 Link 夹指 1_General

3. Link 夹指 1_Motion

电机控制类型为设备 I/O 控制(Device I/O Controlled)，【Axis Type】选择为直线运动(Linear)，夹指的运动控制信号为 Robot Controller1 的 DO[101]，运动距离设置为 10 mm，如图 10-55 所示。

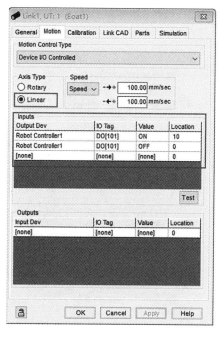

图 10-55 Link 夹指 1_Motion

4. Link 夹指 2_Link CAD

在机器人的法兰盘上安装机器人夹具夹指 2，并将其调整至合适位置。由于夹指 2 与夹指 1 为同一个模型，以致加载进来的夹指 2 与夹指 1 重叠，因此需要对夹指 2 进行对称旋转。在调整过程中可通过鼠标拖动坐标轴进行粗调，然后通过输入轴坐标尺寸进行微调，如图 10-56 所示。

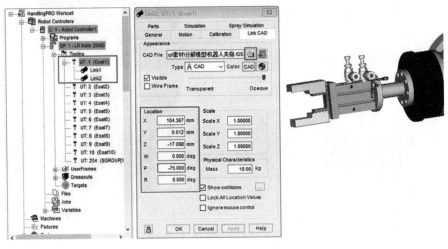

图 10-56　Link 夹指 2_Link CAD

5. Link 夹指 2_General

同样通过【Axis Origin】选项调整电机轴的方向，使虚拟电机轴的指向与夹具夹指 2 的方向一致。选中【Edit Axis Origin】以激活虚拟电机，不选中【CoupleLink CAD】以实现虚拟电机与夹具分离，单独调整虚拟电机的位置。在调整过程中可通过鼠标旋转坐标轴进行粗调，再通过输入轴坐标尺寸进行微调，使虚拟电机轴的指向与夹具夹指 2 的运动方向呈平行关系，如图 10-57 所示。

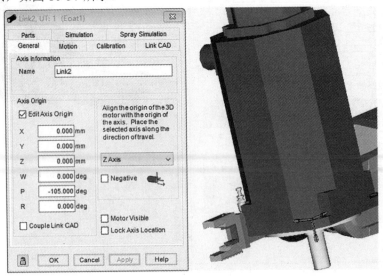

图 10-57　Link 夹指 2_General

6. Link 夹指 2_Motion

同样电机控制类型为设备 I/O 控制(Device I/O Controlled)，【Axis Type】选择为直线运动(Linear)，夹指的运动控制信号为 Robot Controller1 的 DO[101]，运动距离设置为 10 mm，如图 10-58 所示。

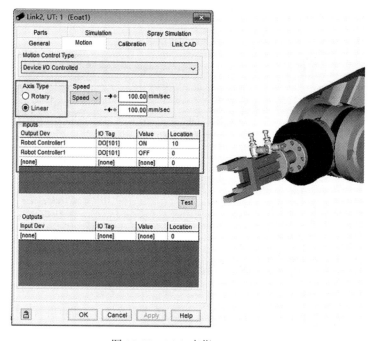

图 10-58　Link 夹指 2_Motion

机器人夹具设置完毕后，可通过示教器 DO[101]信号查看机器人夹爪的仿真动作效果。

10.4.3　设置工具 TCP

在工具属性界面选择【UTOOL】(工具)，勾选【Edit UTOOL】(编辑工具坐标系)设置 TCP，如图 10-59 所示。

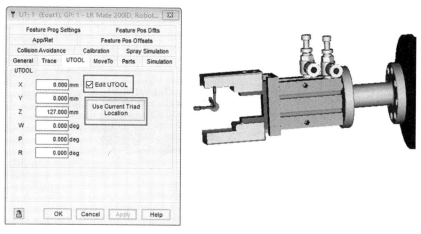

图 10-59　设置 TCP

10.4.4　添加零件 Part

1. 新建 Part

在 Cell Browser 菜单中，选择【Parts】，点击鼠标右键选择【Add Part】—【Single CAD File】。通过【Single CAD File】加载自己设计的 3D 零件作为工件，加载的零件分别为圆柱零件(零件 part1)、塑料环零件(塑料环 part2)，如图 10-60 所示。

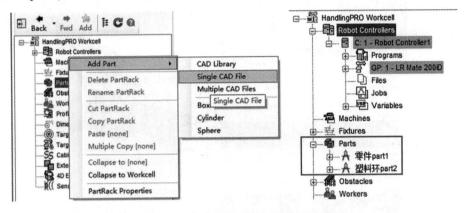

图 10-60　加载圆柱零件、塑料环零件

2. 定义工具上的 Part

双击【UT：1(Eoat1)】打开属性对话框，选择【Parts】项，并进行如下操作：

(1) 在对话框中勾选【零件 Part1】，按【Apply】确认。在【Edit Part Offset】(编辑 Part 偏移位置)前打勾，定义零件 Part1 在工具上的位置和方向。调整好后按【Apply】确认。

(2) 在对话框中勾选【塑料环 part2】，按【Apply】确认。在【Edit Part Offset】(编辑 Part 偏移位置)前打勾，定义塑料环 part2 在工具和零件 Part1 上的位置和方向。调整好后按【Apply】确认，如图 10-61 所示。

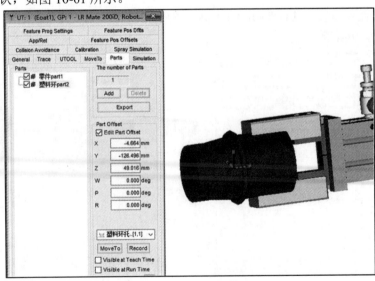

图 10-61　定义工具上的 Part

10.4.5 布局工作台

1. 工作台

通过【Obstacles】添加铝型材架台。通过铝型材架台【General】将其调整至合适位置。拖动机器人至铝型材架台上，如果在拖动过程中机器人的姿态发生了变化，无须理会，位置调整好后可通过示教器【POSN】按键的【MoveTo】功能重新调整姿态。

通过 Fixtures 分别添加塑料环托盘、放物料托盘、取物料托盘。通过塑料环托盘、放物料托盘、取物料托盘的【General】分别将各托盘调整至合适位置，如图 10-62 所示。

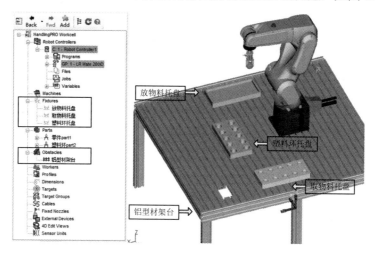

图 10-62　工作台布局

2. Fixtures_塑料环托盘

通过塑料环托盘的【Parts】添加塑料环 part2 零件，按【Apply】确认。在【Edit Part Offset】(编辑 Part 偏移位置)前打勾，定义塑料环 part2 在塑料环托盘上的位置和方向。调整好后按【Apply】确认，如图 10-63 所示。

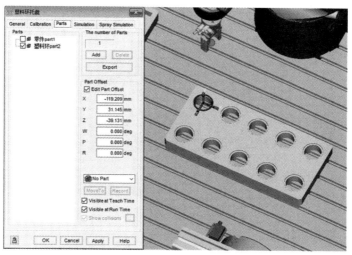

图 10-63　Fixtures_塑料环托盘

选择塑料环托盘的【Parts】—【塑料环 part2】，在【The number of Parts】一栏点击【Add】按钮，将零件以数组 Array 的形式进行矩阵排列。X 方向分布 5 个塑料环 part2，间隔 60 mm；Y 方向分布 1 个塑料环 part2；Z 方向分布 2 个塑料环 part2，间隔 80 mm。具体 X、Y、Z 的方向需以塑料环托盘上的塑料环 part2 的方向为准，如图 10-64 所示。

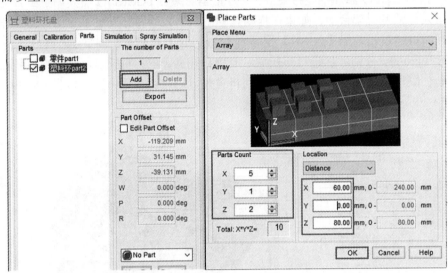

图 10-64　塑料环托盘的【Parts】

按【Apply】确认后，塑料环托盘上出现 10 个均匀分布的"塑料环 part2"零件，并设置在运行时可见(Visible at Run Time)。同时通过塑料环托盘的【Simulation】设置塑料环 part2 允许被抓走，不允许被放置，如图 10-65 所示。

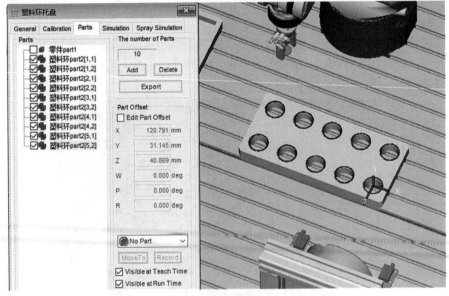

图 10-65　塑料环 part2

3. Fixtures_取物料托盘

通过取物料托盘的【Parts】添加零件 part1，按【Apply】确认。在【Edit Part Offset】(编

辑Part偏移位置)前打勾,定义零件part1在取物料托盘上的位置和方向。调整好后按【Apply】确认，如图10-66所示。

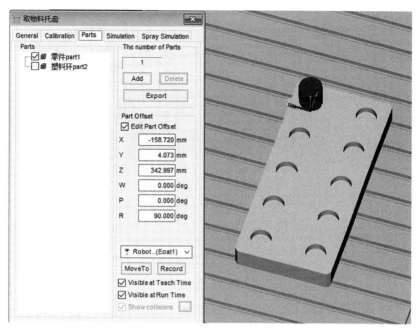

图10-66　Fixtures_取物料托盘

选择取物料托盘的【Parts】—【零件part1】，在【The number of Parts】一栏点击【Add】按钮，将零件以数组Array的形式进行矩阵排列。X方向分布5个零件part1，间隔60 mm；Y方向分布1个零件part1；Z方向分布2个零件part1，间隔-80 mm。具体X、Y、Z的方向需以取物料托盘上的零件part1的方向为准，如图10-67所示。

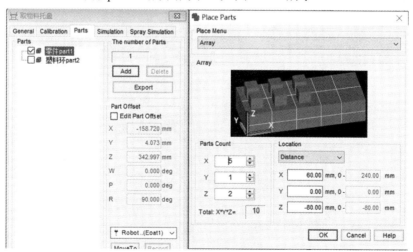

图10-67　取物料托盘的【Parts】

按【Apply】确认后，取物料托盘上出现10个均匀分布的"零件part1"零件，并设置在运行时可见(Visible at Run Time)。同时通过取物料托盘的【Simulation】设置零件part1允许被抓走，不允许被放置，如图10-68所示。

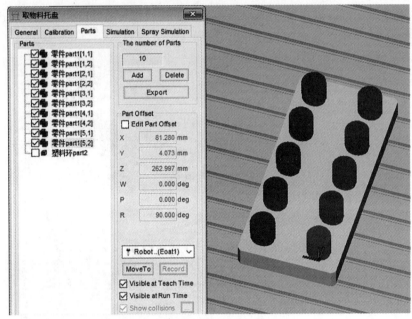

图 10-68　零件 part1

4. Fixtures_放物料托盘

通过放物料托盘的【Parts】添加零件 part1，按【Apply】确认。在【Edit Part Offset】(编辑 Part 偏移位置)前打勾，定义零件 part1 在放物料托盘上的位置和方向。调整好后按【Apply】确认。

通过放物料托盘的【Parts】添加塑料环 part2，按【Apply】确认。在【Edit Part Offset】(编辑 Part 偏移位置)前打勾，定义塑料环 part2 在放物料托盘的位置和方向。调整好后按【Apply】确认，如图 10-69 所示。

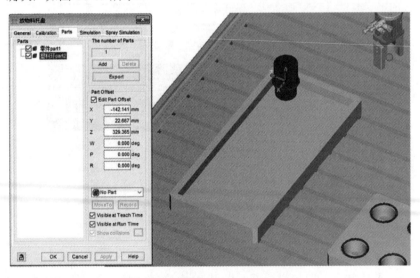

图 10-69　Fixtures_放物料托盘

选择放物料托盘的【Parts】—【零件 part1】【塑料环 part2】，在【The number of Parts】

一栏点击【Add】按钮，将零件以数组 Array 的形式进行矩阵排列，其中，X 方向分布 5 个，Y 方向分布 1 个，Z 方向分布 2 个。按【Apply】确认后，取物料托盘上出现 10 个均匀分布的零件 part1 和 10 个均匀分布的塑料环 part2。并都设置在运行时不可见。同时通过放物料托盘的【Simulation】，设置零件 part1、塑料环 part2 允许被放置，不允许被抓走，如图 10-70 所示。

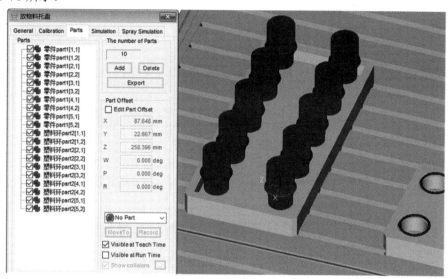

图 10-70　放物料托盘的【Parts】

10.4.6　编　程

Robot Controller1 设置 3 个模拟仿真程序，分别为 pick1、pick2、place1。

pick1：抓取零件 part1(Pickup)，在取物料托盘上进行如下操作：从零件 part1[*]上开始抓(From)，用 Robot Controller1：UT：1(Eoat1)工具抓(With)，如图 10-71 所示。

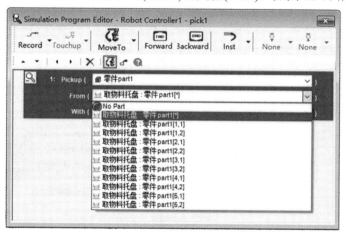

图 10-71　pick1 相关指令

pick2：抓取塑料环 part2(Pickup)，在塑料环托盘上进行如下操作：从塑料环 part2[*]上开始抓(From)，用 Robot Controller1：UT：1(Eoat1)工具抓(With)，如图 10-72 所示。

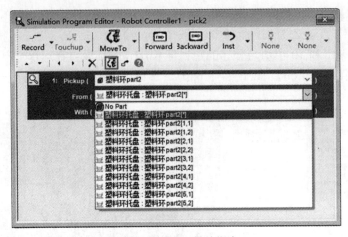

图 10-72　pick2 相关指令

place1：放置零件 part1、塑料环 part2(Drop)，从 Robot Controller1：UT：1(Eoat1)工具上开始放置(From)，将其放置在"放物料托盘上：零件 part1[*]"和"放物料托盘：塑料环 part2 [*]"上(On)，如图 10-73、图 10-74 所示。

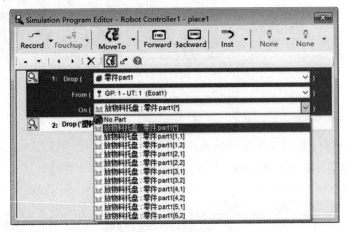

图 10-73　放置零件 Part1

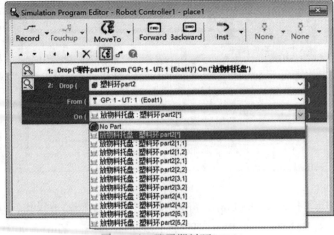

图 10-74　放置塑料环 part2

示例程序

```
1:    J P[1] 100% FINE
2:    PL[1]=[5，2，1]
3:    PL[2]=[2，5，1]
4:    PL[3]=[1，1，1]
5:    FOR R[1]=1 TO 10
6:    PALLETIZING-B_1                    //抓取零件 part1
7:    J PAL_1[A_1] 30% FINE
8:    J PAL_1[BTM] 30% FINE
9:    CALL PICK1
10:   DO[101]=ON
11:   WAIT    1.00sec
12:   J PAL_1[R_1] 30% FINE
13:   PALLETIZING-END_1
14:   J P[1] 100% FINE
15:   PALLETIZING-B_2                    //装配塑料环 part2
16:   J PAL_2[A_1] 30% FINE
17:   J PAL_2[BTM] 30% FINE
18:   CALL PICK2
19:   WAIT    1.00sec
20:   J PAL_2[R_1] 30% FINE
21:   PALLETIZING-END_2
22:   J P[1] 100% FINE
23:   PALLETIZING-B_3                    //放置
24:   J PAL_3[A_1] 30% FINE
25:   J PAL_3[BTM] 30% FINE
26:   CALL PLACE1
27:   DO[101]=OFF
28:   WAIT    1.00sec
29:   J PAL_3[R_1] 30% FINE
30:   PALLETIZING-END_3
31:   ENDFOR
32:   J P[1] 100% FINE
```

10.4.7 操作小技巧

(1) 本次添加的机器人工具是通过外部模型加载进来的，并通过 Link 的功能实现两夹指的运动。并没有使用工具属性里的【Simulation】进行仿真，所以在使用机器人信号 DO[101]控制两夹指仿真运动时，并不能仿真出已加载在工具上的零件 Part，而只能在执行仿真程序 pick1、pick2、place1 时才能在工具上显示工件。

(2) 在设置模拟仿真程序 pick1、pick2、place1 时，所有的仿真程序都要填成"取物料托盘：零件 part1[*]""塑料环托盘：塑料环 part2[*]""放物料托盘：零件 part1[*]"和"放物料托盘：塑料环 part2[*]"，以便在执行仿真程序 pick1、pick2、place1 时，可以模拟任何一个零件的仿真效果。

(3) 在设置码垛指令参数时，可通过取物料托盘、塑料环托盘、放物料托盘的【Parts】选项里的【MoveTo】按钮，使机器人运动到相关零件的接触点，此时所选零件的定位必须要明确，要选择如零件 part1[5，2]、塑料环 part2[1，1]的格式。

(4) 在设置码垛指令参数时，可在工具【UTOOL】选项里激活 TCP 坐标轴(【Edit UTOOL】前打勾，再把勾去掉)，通过鼠标拖动 TCP 的 Z 轴寻找相关零件的趋近点或回退点。

10.5　案例六：机器人 2D 视觉模拟仿真

10.5.1　内容与要求

仿照真实的工作现场在软件中建立一个虚拟的工作站(机器人型号：LR Mate200iD)，如图 10-75 所示。在此仿真工作站上，完成使用一台带吸盘工具的机器人抓取 Part 的 2D 视觉仿真动作。要求掌握 2D 视觉仿真参数的设置以及 2D 视觉仿真程序的创建、设置、测试和运行方法。

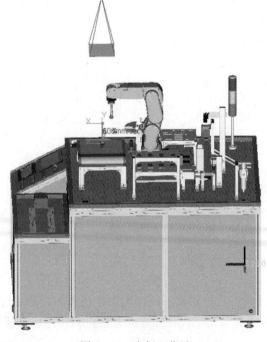

图 10-75　虚拟工作站

10.5.2　基本步骤

1. 添加 2D 视觉选项

按照正常步骤创建工作站，创建至第八步 Robot Options 时，在软件选项中选择【iRVision 2D Basic Pkg(R858)】、【iRVision 2D Pkg(R685)】和【iRVision UIF Controls(J871)】，其他根据实际情况自行选择，如图 10-76 所示。

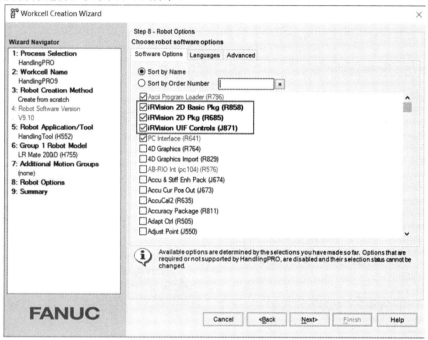

图 10-76　Robot Options 选项

2. 设置 Vision 有效

(1) 在 Cell Browser 窗口中，选择【Vision】，点击鼠标右键，选择【Enable Vision Simulation】，Vision 仿真有效，如图 10-77 所示。

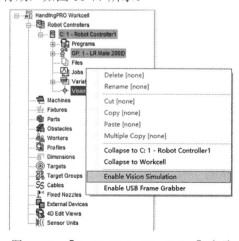

图 10-77　【Enable Vision Simulation】选项

(2) 在弹出的对话框中，点击【确定】，如图 10-78 所示。

图 10-78　【确定】对话框

(3) 机器人控制器进行重启，完成 Vision 有效设置。

3. 添加工具

在 Cell Browser 窗口中，选择 1 号工具【UT:1】，点击鼠标右键，选择【Eoat1 Properties】(机械手末端工具 1 属性)。在弹出的工具属性设置窗口中选择【General】常规设置选项卡，单击【CAD File】右侧的文件夹，在弹出的对话框中加载需要安装的工具(吸盘工具.IGS)，如图 10-79 所示。

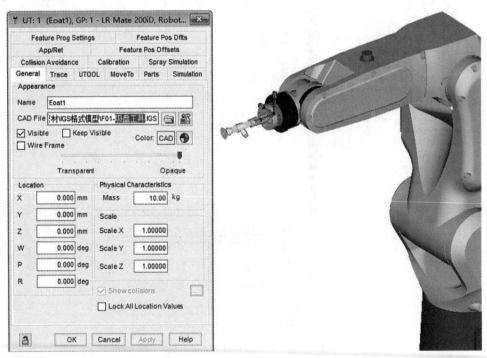

图 10-79　添加工具

4. TCP 设置

在工具属性界面选择【UTOOL】(工具)，勾选【Edit UTOOL】(编辑工具坐标系)，使用鼠标直接拖动 TCP，将其调整至合适位置。按【Use Current Triad Location】(使用当前位置)，软件自动算出 TCP 的 X、Y、Z、W、P、R 值，按【Apply】确认，设置界面如图 10-80 所示。

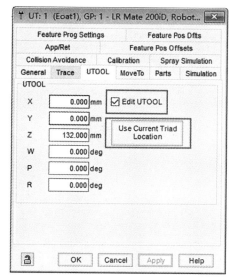

图 10-80　TCP 设置

5. 加载工作站

在 Cell Browser 窗口中，选择【Fixtures】，点击鼠标右键 — 单个 CAD 文件 —【工作站主体.IGS】。通过鼠标拖动调整 LR Mate200iD 机器人至工作站上，拖动过程中若机器人姿态发生变化，等位置调整好后可通过示教器【POSN】键的【MoveTo】功能重新调整姿态(J1 = 0°、J2 = -30°、J3 = 0°、J4 = 0°、J5 = -90°、J6 = 0°)。第一次加载"工作站主体.IGS"文件时，可能时间较长，请耐心等待，如图 10-81 所示。

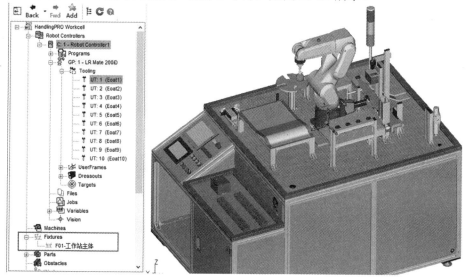

图 10-81　加载工作站主体

6. 添加 Part

在 Cell Browser 菜单中，选择【Parts】，点击鼠标右键 —【Add Part】— 单个 CAD 文件 —【长方体物块.IGS】，单击【打开】。可进一步修改长方体物块的颜色为蓝色。

双击工作台，关联工件，调整位置，按【Apply】确认，如图 10-82 所示。

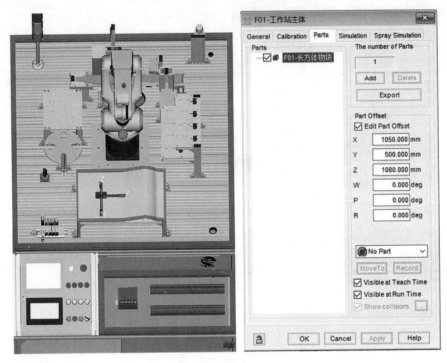

图 10-82 添加 Part

10.5.3　相机

1. 添加相机

(1) 在 Cell Browser 窗口中，选中【Sensor Units】，点击鼠标右键，选择【Add Vision Sensor Unit】—【Add 2D Camera】—【CAD Library】，如图 10-83 所示。

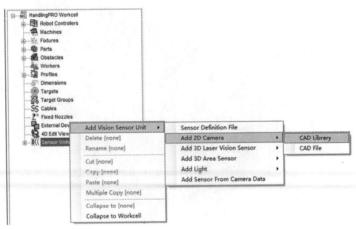

图 10-83 添加相机

在【Camera】一栏中选中【SC130EF2 BW】相机。不同的 ROBOGUIDE 软件版本提供了不同的相机型号，较前版本有 SONY XC-56 2D 索尼相机。虽然 FANUC 提供的相机型号不同，但是设置过程和使用方法基本一致，如图 10-84 所示。

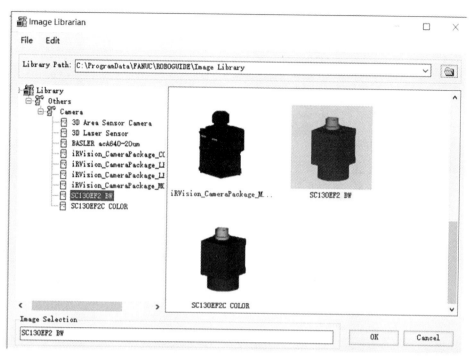

图 10-84　选择 SC130EF2 BW 相机

(2) 点击【SC130EF2 BW】相机，点击【OK】。调整相机位置和机器人姿势，相机一般正对于工作台的正上方。机器人 HOME 点姿势为(J1＝0°、J2＝−30°、J3＝0°、J4＝0°、J5＝−90°、J6＝0°)，如图 10-85 所示。

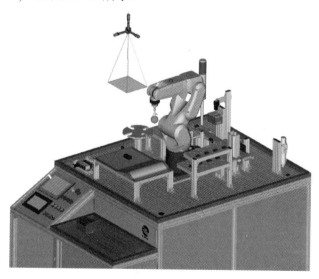

图 10-85　调整相机位置

2. 相机设置

(1) 在 Cell Browser 窗口中，选中【Vision】，点击鼠标右键，选择【Vision Properties】，如图 10-86 所示。

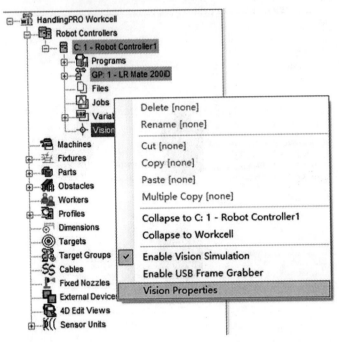

图 10-86　【Vision Properties】选项

（2）在【General】常规属性对话框中，先在【Relation of Standard Camera】一栏中选中对象，再在【Device】一栏中设置相机设备为【SensorUnit1 Camera1】，如图 10-87 所示。

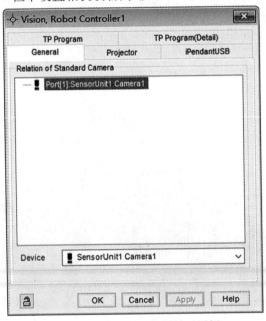

图 10-87　【General】属性对话框

3. 设置相机焦距

（1）在 Cell Browser 窗口中，选择【Camera1】，点击鼠标右键，选择【Camera1 Properties】，如图 10-88 所示。

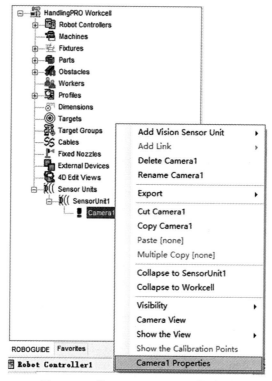

图 10-88 【Camera1 Properties】选项

(2) 将相机焦距设置为 8 mm，并点击【Apply】，如图 10-89 所示。

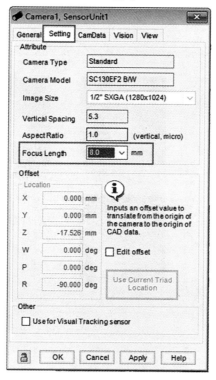

图 10-89 焦距设置

4. 添加点阵板

(1) 在 Cell Browser 窗口中，选择【Obstacles】，点击鼠标右键，选择【Add Obstacle】—【CAD Library】，如图 10-90 所示。

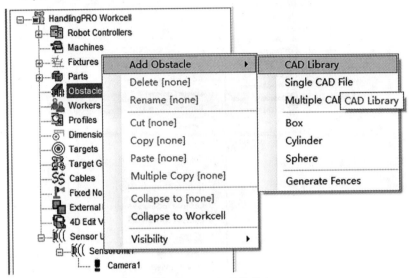

图 10-90　添加装饰物

(2) 选择【Fixtures】下的【vision_dot_pattern_calibration】内的【A05B-1405-J911】点阵板，点击【确定】，如图 10-91 所示。

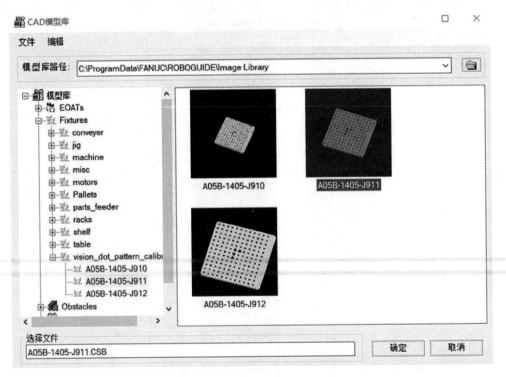

图 10-91　【A05D-1405-J911】点阵板

(3) 调整点阵板的位置：将点阵板移到工作站上，调整至合适位置，如图 10-92 所示。如果工作台上有工件 Part(长方体物块)，可先隐藏工件(不勾选【Visible at Teach Time】)。

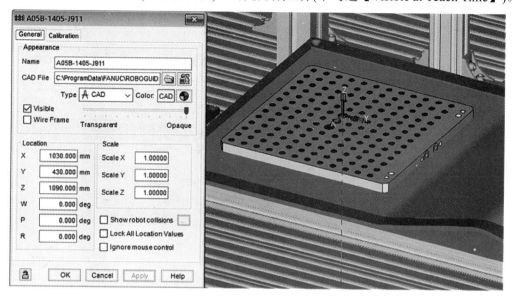

图 10-92 调整点阵板位置

5. 设置点阵板坐标系

使用四点法设置用户坐标系，点阵板坐标系如图 10-93 所示，一般三个大圆点连线的方向代表 X 方向，两个大圆点连线方向代表 Y 方向，如图 10-93 所示。

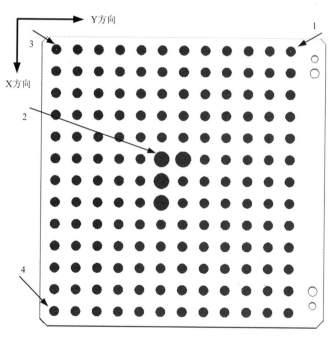

1—Y 方向点；2—坐标原点；3—X 轴原点；4—X 方向点

图 10-93 点阵板坐标系

(1) 按【Ctrl】+【Shift】键，快速移动机器人末端执行器的 TCP 到达点阵板中心点的大圆中心位置，如图 10-94 所示。

图 10-94   TCP 到达点阵板中心点

(2) 打开虚拟示教器，进入用户坐标系(坐标系编号为 1)，选择四点法，进入界面后，选择【坐标原点】，按【Shift】+【记录】键，记录当前位置，如图 10-95 所示。

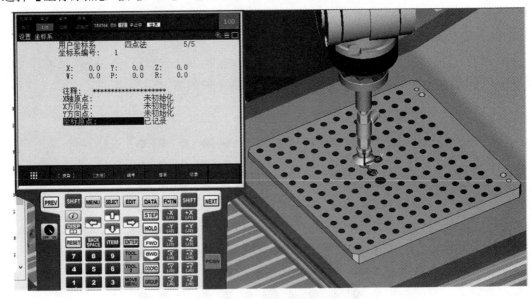

图 10-95   记录当前位置

(3) 按上述步骤分别示教【X 轴原点】、【X 方向点】、【Y 方向点】，完成点阵板坐标系设定。

(4) 调整机器人姿态(J1 = 0°、J2 = -30°、J3 = 0°、J4 = 0°、J5 = -90°、J6 = 0°)，调整相机至点阵板基准距离为 1000 mm(高度)，调整好后可用软件上的测量工具进行测量并调整。

6. 相机创建

(1) 选择【Robot】—【Internet Explorer】，如图 10-96 所示。

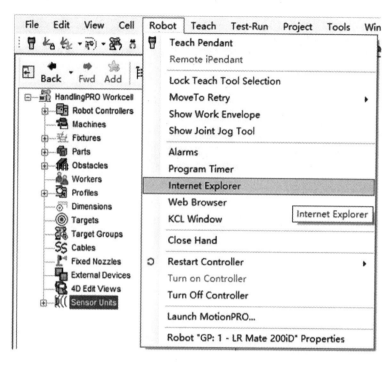

图 10-96　【Internet Explorer】选项

(2) 在弹出的浏览器窗口中，选择【iRVision】(示教和试验)，如图 10-97 所示。

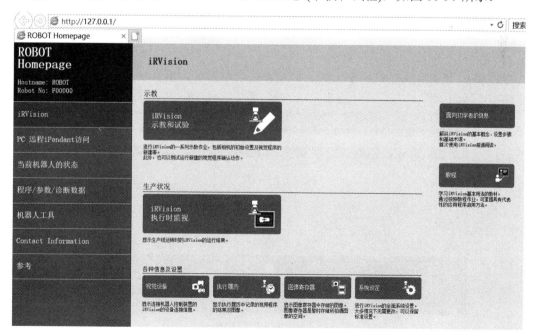

图 10-97　【iRVision】选项

(3) 在弹出的界面中，单击【新建】，如图 10-98 所示。

图 10-98 【新建】选项

(4) 在弹出的界面中，设置相机名称(CAMERALYP)、类型(2D Camera)，如图 10-99 所示。

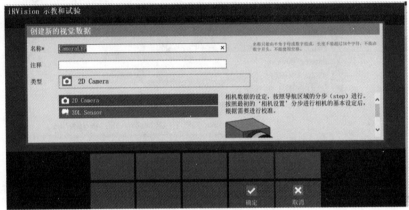

图 10-99 设置相机

7. 相机校准

(1) 完成上述步骤后单击【确定】，即可完成名称为 CAMERALYP 的相机的创建，如图 10-100 所示。

图 10-100 创建相机

(2) 点击【编辑】，进入相机设置页面，如图 10-101 所示，【相机】选项为"SC130EF2"，【机器人抓取相机】选项为"否"，【相机校准】为"Grid Pattern Calibration Tool"，点击【保存】。

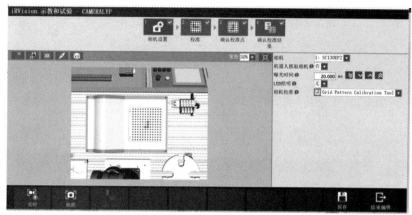

图 10-101　相机设置页面

(3) 进入校准页面，【格子间距】选项为"15 mm"；【点阵板设置信息】选项为"1 号用户坐标系"；【焦点距离】选项为"计算基准距离"；在【基准距离】选项输入"1000 mm"；在【点阵板的位置】选项点击【设定】并显示"设定完成"，如图 10-102 所示。

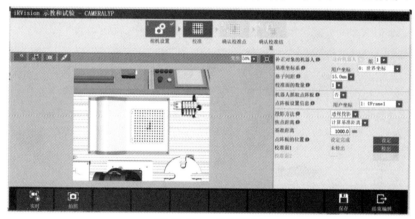

图 10-102　校准页面

在校准页面，点击【检出】，设置检出范围，如图 10-103 所示。

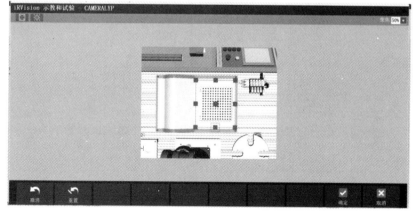

图 10-103　【检出】窗口

在【检出】窗口，单击【确定】，自动计算出焦点距离为 8.19 mm，如图 10-104 所示。

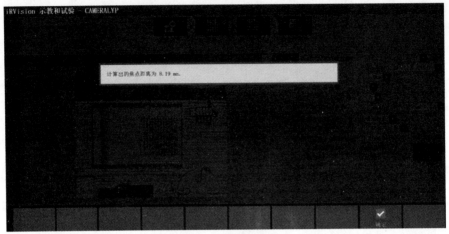

图 10-104　自动计算焦点

在图 10-104 所示界面，点击【确定】，完成校准面 1 的检出，并显示"已检出"。同时自动完成"确认校准点""确认校准结果"，如图 10-105 所示。

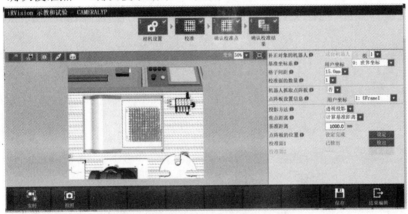

图 10-105　完成校准面 1 的检出

(4) 进入确认校准结果页面，验证"相对于点阵板的相机位置"数据和"相对于基准坐标系的点阵板的位置"数据，如图 10-106 所示。最终点击【保存】，结束编辑。

图 10-106　确认校准结果页面

　　用测量工具进行数据测量并验证，上述两种数据可以存在一定的误差，如图 10-107、图 10-108 所示。

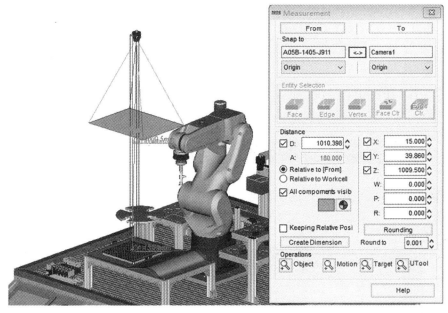

图 10-107　相对于点阵板的相机位置及数据

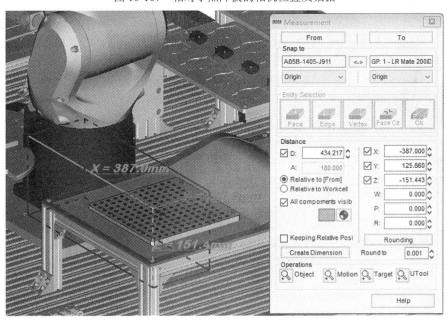

图 10-108　相对于基准坐标系的点阵板的位置及数据

10.5.4　视觉处理程序

1. 创建视觉处理程序

　　在示教和试验页面中点击【新建】，如图 10-109 所示。

图 10-109　示教和试验页面

图 10-110 所示为创建新的视觉数据窗口，在该窗口输入视觉处理程序的名称"DATALYP"，并在【类型】一栏选择【2-D Single-View Vision Process】，代表用 1 台相机检出工件的 2 维位置，以便进行机器人的动作补正。

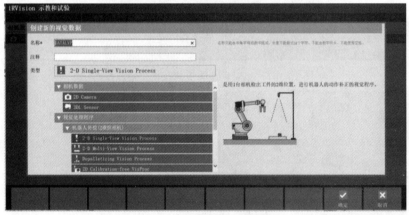

图 10-110　创建新的视觉数据窗口

点击【确定】，完成创建"DATALYP"的视觉处理程序，如图 10-111 所示。

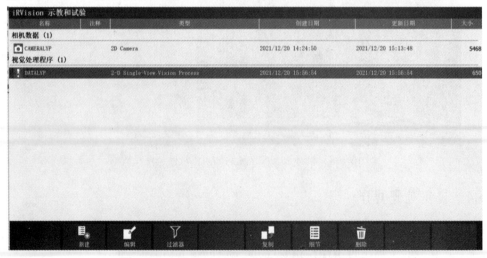

图 10-111　"DATALYP"视觉处理程序创建完成

2. 编辑视觉处理程序

(1) 单击图 10-111 所示页面中的【编辑】，编辑"DATALYP"视觉处理程序，出现如图 10-112 所示界面，选择【相机】选项为"CAMERALYP"，【检出数量】选项为"10"，【补正方法】选项为"位置补正"，【补正用坐标系】选项为"用户 1 号坐标系"。

图 10-112　编辑"DATALYP"视觉处理程序界面

① 关于检出数量。

检出数量是允许相机拍摄能够识别出的最多零件数量。

② 关于补正方法。

位置补正：计算位置补正用的补正数据，用相机拍摄放置在工作台上的工件，测量偏差量，为了让机器人相对工件正确地作业(如拿起)，对机器人的动作进行补正，如图 10-113 所示。

抓取偏差补正：计算抓取偏差补正用的补正数据。在偏离基准位置的状态下，用相机拍摄机器人抓住的工件，测量偏差量，为了让机器人相对工件正确地作业(如放置)，对机器人的动作进行补正，如图 10-114 所示。

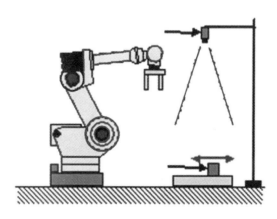

图 10-113　位置补正

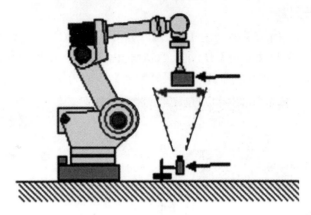

图 10-114 抓取偏差补正

③ 关于补正用坐标系。

补正用坐标系主要进行二维补正，用于测量某个平面上工件的偏差量。当在【补正方法】中选择了"位置补正"时，应选择用户坐标系，如图 10-115、图 10-116 所示。

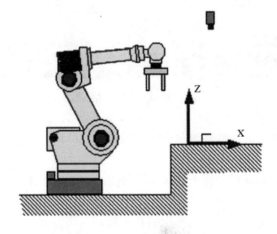

图 10-115 在水平面上的二维补正

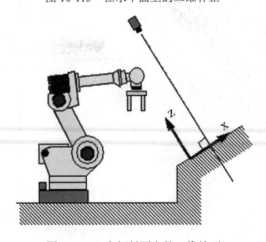

图 10-116 在倾斜面上的二维补正

(2) 单击【Snap Tool 1】，设定拍照范围。当希望拍摄所得的相片是部分而不是整体时，就需要设置拍摄范围，如图 10-117 所示。

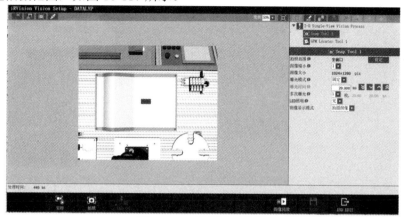

图 10-117 设置拍摄范围

一般拍照标准设置为全屏(全窗口)，但需要更改拍摄范围时，点击【设定】键，图片上会显示长方形窗口，用来调整拍摄范围，如图 10-118 所示。

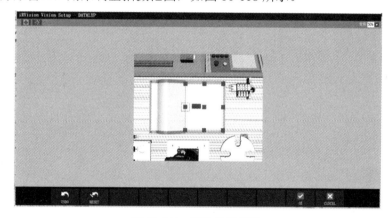

图 10-118 更改拍摄范围

点击图 10-118 中的【OK】(确定)，完成拍摄范围的设置，如图 10-119 所示。

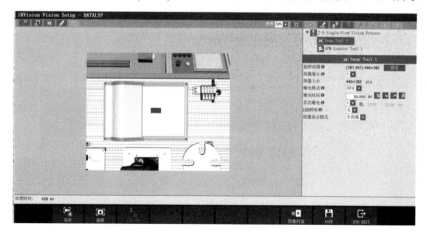

图 10-119 完成拍摄范围设置

(3) 单击【GPM Locator Tool 1】，进行模型示教，如图 10-120 所示。

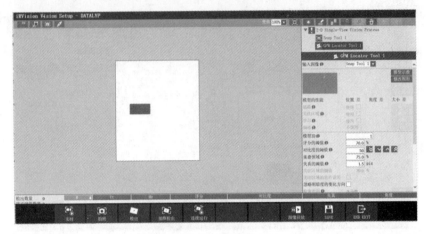

图 10-120　模型示教

在调整模型示教范围时，尽量使示教范围压缩至长方形物块，使中心原点对准长方形物块中心，如图 10-121 所示。

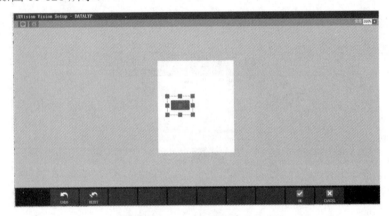

图 10-121　调整模型示教范围

完成模型范围的框定后，点击【确定】，相机检测出长方形物块的轮廓模型。若发现中心原点位置不正确，则可通过更改原点(或中心原点)进行调整，如图 10-122 所示。

图 10-122　相机检测

(4) 单击【2-D Single-View Vision Process】进行基准位置设定。先点击【拍照检出】，再点击【设定】，完成基准位置的设定(X = 17.788、Y = 72.412、R = 0)，最终保存并结束编辑，如图 10-123 所示。

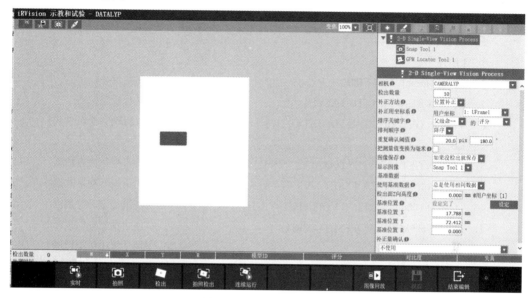

图 10-123　基准位置设定

基准位置和实测位置：进行机器人程序示教时的工件位置叫作基准位置，现在的工件位置叫作实测位置。基准位置在进行机器人程序示教时由 iRVision 进行测量，并被存储在 iRVision 内部。机器人的补正量根据基准位置和实测位置而计算出。

基准位置和实测位置如图 10-124 所示，使得补正坐标系位移至处于实测位置的工件就相当于处于基准位置。利用补正坐标系无须针对每个示教点计算补正量，因而补正坐标系具有便于示教作业的优点。iRVision 将补正坐标系的移动量作为补正量(坐标系的移动量)予以输出，通常，工件的旋转量越大，补正坐标系从原点到工件的距离越远，则补正量和实际工件移动量的差异将会越大。

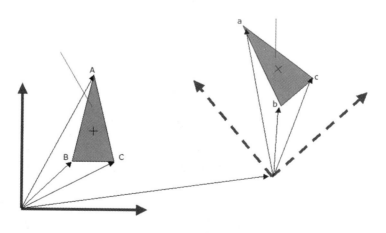

　　　补正坐标系　　　　假设位移的补正坐标系

图 10-124　基准位置和实测位置

10.5.5 编程

程序编写需满足随意长方体物块的位置检测，以及多个长方体物块的位置检测。

```
 1:  UTOOL_NUM=1
 2:  UFRAME_NUM=1
 3:  LBL [1]
 4:  J P [1: Home] 100% FINE                          //安全点
 5:  VISION RUN_FIND 'DATALYP'                        //进行视觉检出
 6:  VISION GET_NFOUND ' DATALYP ' R [1]              //取得视觉检出个数
 7:  LBL [2]
 8:  VISION GET_OFFSET ' DATALYP ' VR [1] JMP LBL [1] //检查视觉检查数据
 9:  J P [3] 100% FINE VOFFSET，VR[1]                 //使用视觉补偿数据
10:  L P [2] 100mm/sec FINE VOFFSET，VR[1]            //使用视觉补偿数据
11:  J P [3] 60% FINE VOFFSET，VR[1]                  //使用视觉补偿数据
12:  R [1] = R [1]-1                                  //视觉检出数据自减
13:  IF R [1] <> 0，JMP LBL [2]
14:  J P [1: Home] 100% FINE
```

● **测试一：随意长方体物块的位置检测**

双击工作站主体，打开工作站主体属性对话框，在【Parts】中激活【Edit Part Offset】，修改 X 或 Y 方向的尺寸，以实现长方体物块的任意位置摆放，如图 10-125 所示。

执行程序，机器人自动寻找并抓取长方体物块，如图 10-126 所示。

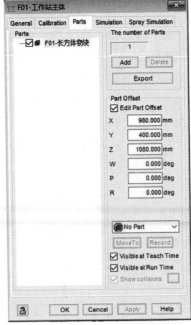

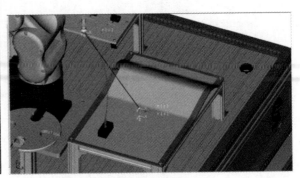

图 10-125 添加、摆放 Part

图 10-126 视觉寻找物块

● **测试二：多个长方体物块的位置检测**

双击工作站主体，打开工作站主体属性对话框，在【Parts】中点击【Add】按钮，进行【Array】排列(X 方向 60 mm，Y 方向 80 mm)，如图 10-127 所示。

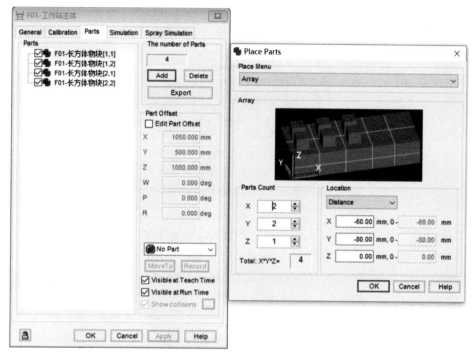

图 10-127　添加、摆放多个 Part

执行程序，机器人自动寻找并抓取四个长方体物块，如图 10-128 所示。

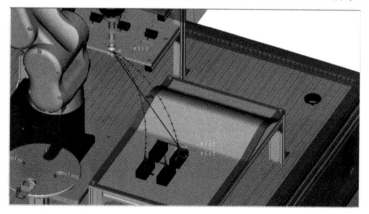

图 10-128　视觉寻找多个物块

10.5.6　操作小技巧

(1) 相机安装在工作台的正上方，可通过俯视图查看安装位置是否合适。为不遮挡相机的拍摄，工业机器人的 HOME 点需设置为(J1 = 0°、J2 = -30°、J3 = 0°、J4 = 0°、J5 = -90°、J6 = 0°)，如图 10-129 所示。

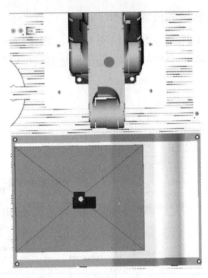

图 10-129　相机安装俯视图

(2) 执行程序时，如发现机器人定位发生偏移，可能是在设置相机数据时，相机校准的检出范围不合适，或计算得出的焦点距离与前期相机焦距设置的数据(8 mm)相差甚大，都需要重新校准。只要前期修改了相机的参数，就要重新定位 P[3]、P[2]点的数据，并且记录点位数据时减去视觉寄存器 VR[1]的数据。

(3) 在定位 P[3]、P[2]点的数据时，可先按【Ctrl】+【Shift】键快速移动到长方体物块的上方，再通过示教器的【SHIFT】+ 运动键来精确定位趋近点、吻合点和回退点。

(4) 运行过程中观察视觉寄存器 VR[1]的数据变换。因视觉检测存在一定的误差，模拟过程中的测量数据与理想数据会存在一定的偏差。

第一个长方体物块(示教的长方体物块)的检出位置为(X = 17.8、Y = 72.4、Z = 0)，与当前相机设定的基准位置(X = 17.788、Y = 72.412、R = 0)一致，故无偏移量，如图 10-130 所示。

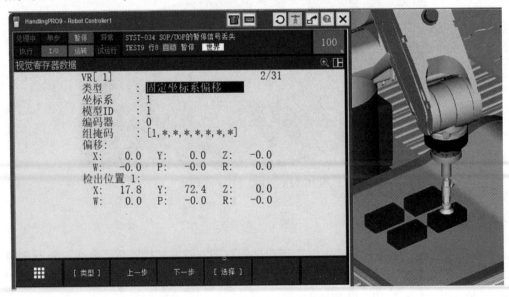

图 10-130　第一个长方体物块位置数据

第二个长方体物块的检出位置为(X = −42.6、Y = 72.4、Z = 0)，与当前相机设定的基准位置(X = 17.788、Y = 72.412、R = 0)X 方向相差 60，故 X 方向的偏移量为 60.4，符合 Array 排列，如图 10-131 所示。

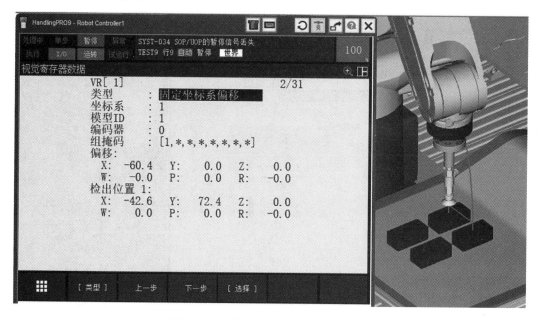

图 10-131　第二个长方体物块位置数据

第三个长方体物块检出位置为(X = 17.8、Y = −8.1、Z = 0)，与当前相机设定的基准位置(X = 17.788、Y = 72.412、R = 0)Y 方向相差 80，故 Y 方向的偏移量为 80.5，符合 Array 排列，如图 10-132 所示。

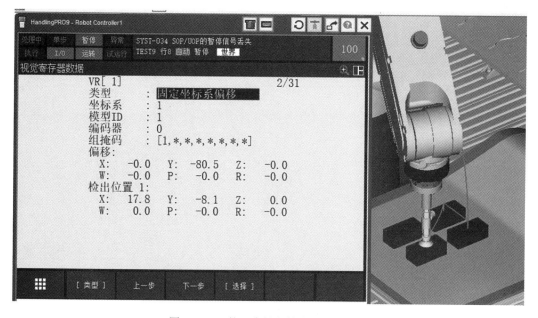

图 10-132　第三个长方体物块位置数据

第四个长方体物块的检出位置为(X = -42.6、Y = -8.1、Z = 0),与当前相机设定的基准位置(X = 17.788、Y = 72.412、R = 0)X 方向相差 60,Y 方向相差 80,故 X、Y 方向的偏移量为 60.4、80.5,符合 Array 排列,如图 10-133 所示。

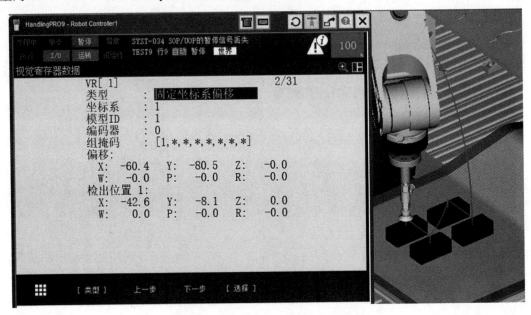

图 10-133　第四个长方体物块位置数据

应用篇

学以致用
用学相长

第 11 章　典型应用工程实践 ——码垛篇

11.1　码垛工作站结构认知

搬运码垛机器人在码垛行业有着相当广泛的应用，大大节省了劳动力，节省空间。很多国家的知名企业甚至民营小企业都已经将搬运码垛机器人运用到了日常的工作生产中，节省了成本，提高了工作效率。

工业机器人码垛工作站特点如下：

(1) 应有物品的传送装置，其形式要根据物品的特点选用或设计。

(2) 可使物品准确地定位，以便工业机器人抓取。

(3) 一般情况下设有物品托板，通过滚筒或皮带传动。

(4) 有些物品在传送过程中还要进行整型，以保证码垛质量。

(5) 要根据被搬运物品特征，设计专用末端执行器。

(6) 应选用适合于搬运作业的工业机器人。

工业机器人码垛工作站采用最新自动化技术，融合智能制造、智慧工厂的理念，采用模块化、简易化设计方法，将工业机器人技术、PLC 技术、检测技术等集成于一体。码垛工作站主要由机器人本体、机器人控制柜、吸盘抓手、气缸、滚筒输送机、PLC 控制系统、工件、工件托盘、安全围栏等构成，如图 11-1 所示，此码垛工作站使用的是 FANUC 机器人，型号为 M-10iA。

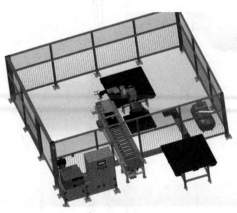

图 11-1　工业机器人码垛工作站

11.1.1 结构特征

码垛工作站可以实现码垛、拆垛一体化工作，该工作站由工业机器人、滚筒输送线、码垛物料台和码垛吸盘等组成。码垛工作是由工业机器人控制吸盘抓手的吸、放来完成的，通过滚筒输送机使传送带将工件运送到机器人拾取点，机器人拾取工件并且根据颜色对其进行分类；同时还可以通过控制面板将模式切换为拆垛，此时机器人会将料盘里堆叠好的工件搬运到传送带的拾取点，由传送带传送出工作站。码垛工作站实际场景如图11-2所示。

图 11-2　码垛工作站实际场景

11.1.2 机器人码垛系统组成

1. 机器人本体

FANUC M-10iA 机器人本体、控制柜、吸盘工具如图 11-3 所示，该机器人为电缆内置式小型搬运机器人，通过采用高刚度的手臂和最先进的伺服技术，提高了加减速性能，缩短了搬运时间，手腕部采用独特的驱动机构，从而实现了苗条的电缆内置式手腕。该机器人具有 6 个自由度，为串联关节型工业机器人；其额定负载为 10 kg，第 5 轴到达距离为1420 mm，安装方式为地面安装，重复定位精度为 0.08 mm，重量为 150 kg。

(a) 机器人本体　　(b) 机器人控制柜　　(c) 机器人吸盘工具

图 11-3　M-10iA 机器人本体、控制柜、吸盘工具

2. 滚筒输送线

滚筒输送线如图 11-4 所示，输送线输送距离为 2000 mm，宽度为 350 mm，高度为 750 mm；支架采用铝合金搭建，底部安装有可调节高度的固定地脚；滚筒采用不锈钢材质，直径为 Φ76 mm；采用调速电机驱动，链条传动，可通过调速电机驱动器对传送速度进行调节；输送线前后两端设有物料挡板，材质为不锈钢，并安装有欧姆龙 E3Z-D81 传感器，检测物料有无到位；设有颜色识别传感器，可对物料的颜色进行识别，然后将信号传送给机器人，从而实现不同颜色的物料码在不同的位置；末端装有气动推杆，当物料检测传感器检测到物料到位后，气缸推出，推动物料定位，从而实现机器人每次抓取的物料位置都在同一点，达到精确定位的目的。

图 11-4　滚筒输送线

3. 模拟物料

模拟物料采用 POM 材质，分为黑、白两种颜色，每种颜色 9 块，如图 11-5、图 11-6 所示。

图 11-5　码垛工作站白色 POM 块   图 11-6　码垛工作站黑色 POM 块

4. PLC 模块

机器人采用西门子 SIEMENS S7-200smart 进行总控程序的运行，采用基本的 I/O 接线方式控制整个工作站的运作，如图 11-7 所示。

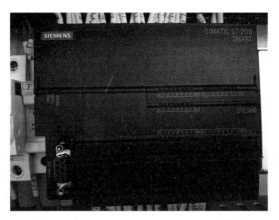

图 11-7　SIEMENS S7-200smart PLC 模块

5. 安全防护屋

设置安全防护装置可防止机器人在自动运行过程中有人闯入机器人工作区域，避免出现意外造成人身伤害和设备损坏。安全防护装置整体框架为铝型材搭建，底部为喷塑钢丝网，上部为透明钢化玻璃，方便人员在外面观看，总体尺寸为 3000 mm × 3000mm × 1900 mm。该防护系统设置安全推拉门一个，配置有欧姆龙安全门锁与电气形成保护回路，安全门打开时工作系统及机器人自动停机，安全防护模块顶部配有三色报警灯，用于指示整个设备的运行、报警、故障等状态，同时有声光报警功能，该防护系统最大限度地保证了人员生命安全和设备运行安全，设备运行中严禁打开安全门。带有安全防护系统的铝制护栏如图 11-8 所示。

图 11-8　带有安全防护系统的铝质护栏

11.1.3　工作任务

码垛工作站的工作过程如下：

(1) 按启动按钮，系统运行，机器人启动。

(2) 当输送线上料端检测传感器检测到工件时启动变频器，将工件传送到落料端，工件到达落料端时变频器停止运行，并通知机器人搬运。

(3) 机器人收到命令后将工件搬运到平面仓库，搬运完成后机器人回到作业原点，等待下次的搬运请求。

(4) 当平面仓库码垛了 18 个工件时，机器人停止搬运，输送线停止输送，开始执行拆垛清空仓库程序，按拆垛按钮，开始拆垛作业，直至 18 个工件全部拆走。

码垛要求把货物按如图 11-9 所示的摆放顺序与层次堆叠好，拆垛也按照该要求进行。

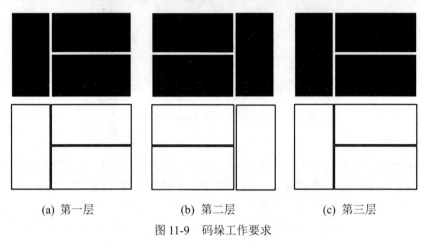

(a) 第一层   (b) 第二层   (c) 第三层

图 11-9　码垛工作要求

11.2　机器人运行前准备

11.2.1　机器人准备

(1) 熟悉 FANUC 机器人示教器。

① 检查示教器有效开关，将示教器置于有效状态。若示教器无效，则点动进给、程序创建、测试执行无法进行。

② 掌控安全开关：将开关按到中间位置有效，松开或者用力将其握住，机器人就会停止。

③ 测试急停按钮：不管示教器有效开关的状态如何，若按下急停按钮，则机器人必须停止。

(2) 熟悉示教器按键(省略)。

(3) 动作机器人。

按住 DEADMAN 安全开关(按的位置要适中)，再按【RESET】键消除报警，在不同的坐标系下点动机器人。在动作机器人的操作中，不要松开 DEADMAN 开关。

11.2.2　坐标系设置

(1) 工具坐标系设置(省略)。

(2) 用户坐标系设置(省略)。

(3) 坐标系激活(省略)。

11.3　完整码垛编程

11.3.1　码垛设置

1. 码垛任务要求

将成品物料以图 11-10 所示形式，并按照颜色分类堆垛到物料盘上。

图 11-10　码垛站

2. 指令 E 配置

打开码垛堆积指令 E，进入设置界面，码垛配置如图 11-11 所示。

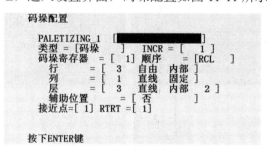

图 11-11　码垛配置

按如下步骤设置配置界面：

(1) 设置堆积类型，即"码垛类型 =【码垛】"。

(2) 设置寄存器每码垛 1 次，寄存器增加量为 1，即"INCR =【1】"。

(3) 应用 1 号码垛寄存器，储存本次码垛数据，即"码垛寄存器 =【1】"。

(4) 堆积顺序为默认的行、列、层，即"顺序 =【RCL】"。

(5) 由于三块物料不在一行上，因此需将行的"直线"修改为"自由"；三块物料有角度摆放问题，需将行的"固定"修改为"内部"；码垛的三层并不保持一致，所以需将层的"固定"也修改为"内部"。

3. 底部设置

码垛示教点如图 11-12 所示，参考此图，对底部线路进行设置。其中需要设置的是第一层的三块、第二层的三块、第三层与第一层对应的第一块，设置的顺序与设想的码垛堆积顺序一致即可。

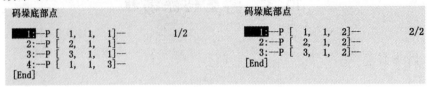

图 11-12　码垛示教点

4. 线路设置

参考图 11-13 所示码垛路径点，设置码垛的趋近点、堆叠点(拾取点)以及回退点(逃离点)。实际设置过程中需将码垛寄存器 PL[1]中设定的要素[i, j, k]作为线路的堆叠点(拾取点)，然后向上移动到合适的位置将其示教为趋近点和逃离点。码垛效果如图 11-14 所示。

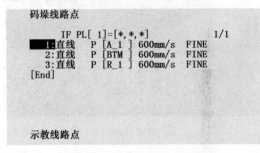

图 11-13　码垛路径点

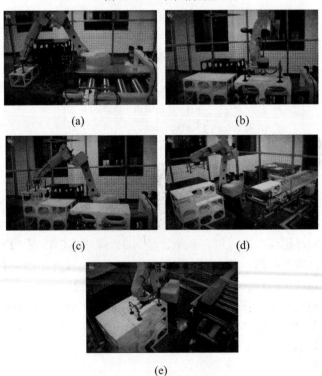

图 11-14　码垛效果图

11.3.2　码垛程序

1:　PL[1]=[1，1，1]　　　　　//设置码垛寄存器 PL[1]和 PL[2]并且初始化数值

2:　PL[2]=[1，1，1]　　　　　//PL[1]和 PL[2]为两种颜色的码垛寄存器

3:　R[1]=0　　　　　　　　//寄存器 R[1]

4:　LBL[1]

5:　J P[1] 100% FINE

6:　IF DI[112]=ON AND DI[110]=ON AND R[1]<18，JMP LBL[2]

7:　IF DI[112]=OFF AND DI[110]=ON AND R[1]<18，JMP LBL[3]

8:　IF R[1]=18 AND DI[109]=ON，JMP LBL[4]

9:　JMP LBL[1]　　　　　　//设置标签 1 的死循环，当 18 块物料未码垛完成时，等待接受物料颜色信号和允许码垛信号并跳转到相应的码垛程序，当码垛达到18 块后,等待切换信号跳转到标签 4

10:　LBL[2]

11:　DO[102]=ON　　　　　　//让推料阀将到位的物料推送至示教点

12:　J P[2] 100% FINE

13:　L P[3] 2000mm/sec FINE

14:　WAIT　.50sec

15:　DO[102]=OFF

16:　WAIT　.50sec

17:　DO[101]=ON

18:　WAIT DI[103]=ON　　　　//置位 DO[101]拾取物料，并且等待 DI[103]真空检测的信号

19:　WAIT　.50sec

20:　L P[2] 2000mm/sec FINE

21:　DO[103]=ON

22:　WAIT　.50sec

23:　DO[103]=OFF　　　　　　//给予控制器一个 DO[103]的信号脉冲，表示取料完成

24:　J P[4] 100% FINE

25:　PALLETIZING-E_1

26:　L PAL_1[A_1] 600mm/sec FINE

27:　L PAL_1[BTM] 600mm/sec FINE

28:　WAIT　.50sec

29:　DO[101]=OFF

30:　WAIT　.50sec

31:　L PAL_1[R_1] 600mm/sec FINE

32:　PALLETIZING-END_1

33:　J P[4] 100% FINE

34:　R[1]=R[1]+1

35:　JMP LBL[1]

以上为码垛过程，码垛完成后数值寄存器 R[1]加 1，并计算当前码垛物料块数。下列为另一种颜色物料码垛，其流程与上述流程相同。

36:　LBL[3]

37:　DO[102]=ON

38:　J P[2] 100% FINE

39:　L P[3] 2000mm/sec FINE

40:　WAIT　.50sec

41:　DO[102]=OFF

42:　WAIT　.50sec

43:　DO[101]=ON

44:　WAIT DI[103]=ON

45:　WAIT　.50sec

46:　L P[2] 2000mm/sec FINE

47:　DO[103]=ON

48:　WAIT　.50sec

49:　DO[103]=OFF

50:　J P[5] 100% FINE

51:　PALLETIZING-E_2

52:　L PAL_2[A_1] 600mm/sec FINE

53:　L PAL_2[BTM] 600mm/sec FINE

54:　WAIT　.50sec

55:　DO[101]=OFF

56: WAIT　.50sec

57:　L PAL_2[R_1] 600mm/sec FINE

58:　PALLETIZING-END_2

59:　J P[5] 100% FINE

60:　R[1]=R[1]+1

61:　JMP LBL[1]

62:　LBL[4]

63:　WAIT　3.00sec

当物料满足 18 块并且切换模式后，会跳转到标签 4，等待 3 s 返回主程序。

11.3.3　拆垛程序

码垛工作站的拆垛过程与码垛过程相反，并且不再区分颜色，仅按顺序拆垛。需要注意的是，在拆垛过程中，拆垛寄存器起始数值与码垛寄存器起始数值正好相反。当拆垛程序完成任务后，等待模式开关切换为码垛；当 DI[109]信号切换为码垛时，程序会将 R[1]数值寄存器复位为 0。拆垛效果如图 11-15 所示。

以下的拆垛程序可供参考：

程序 CHAIDUO：

```
1:   J P[1] 100% FINE
2:   L P[2] 2000mm/sec FINE
3:   PL[3]=[3，1，3]
4:   PL[4]=[3，1，3]
5:   FOR R[2]=0 TO 8
6:   WAIT DI[111]=ON
7:   PALLETIZING-E_3
8:   L PAL_3[A_1] 600mm/sec FINE
9:   L PAL_3[BTM] 600mm/sec FINE
10:   WAIT   .50sec
11:   DO[101]=ON
12:   WAIT DI[103]=ON
13:   WAIT   .50sec
14:   L PAL_3[R_1] 600mm/sec FINE
15:   PALLETIZING-END_3
16:   L P[2] 2000mm/sec FINE
17:   L P[3] 2000mm/sec FINE
18:   L P[4] 2000mm/sec FINE
19:   WAIT   .50sec
20:   DO[101]=OFF
21:   WAIT   .50sec
22:   L P[3] 2000mm/sec FINE
23:   DO[104]=ON
24:   WAIT   .30sec
25:   DO[104]=OFF
26:   L P[2] 2000mm/sec FINE
27:   ENDFOR
28:   FOR R[3]=0 TO 8
29:   WAIT DI[111]=ON
30:   PALLETIZING-E_4
31:   L PAL_4[A_1] 600mm/sec FINE
32:   L PAL_4[BTM] 600mm/sec FINE
33:   WAIT   .50sec
34:   DO[101]=ON
35:   WAIT DI[103]=ON
37:   L PAL_4[R_1] 600mm/sec FINE
38:   PALLETIZING-END_4
```

39:　L P[2] 2000mm/sec FINE

40:　L P[3] 2000mm/sec FINE

41:　L P[4] 2000mm/sec FINE

42:　WAIT　.50sec

43:　DO[101]=OFF

44:　WAIT　.50sec

45:　L P[3] 2000mm/sec FINE

46:　DO[104]=ON

47:　WAIT .30sec

48:　DO[104]=OFF

49:　L P[2] 2000mm/sec FINE

50:　ENDFOR

51:　J P[1] 100% FINE

52:　WAIT DI[109]=OFF

53:　R[1]=0

54:　WAIT　3.00sec

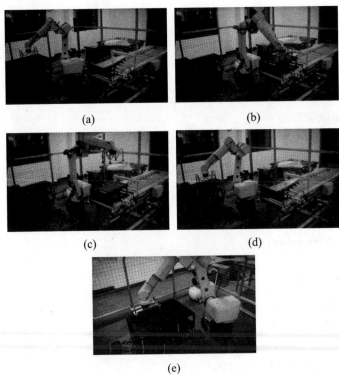

(a)　　　　　　　　　　　　　　(b)

(c)　　　　　　　　　　　　　　(d)

(e)

图 11-15　拆垛效果图

11.3.4　主程序

主程序主要起到自动运行和模式切换的作用。为防止发生误操作，在程序开始后先将数值寄存器 R[1]初始化，然后进入死循环；当模式切换为拆垛时，将 DI[109]置位 ON，进入拆垛程序；当模式切换为码垛时，将 DI[109]复位为 OFF，并且当数值寄存器 R[1] = 0 时进入码垛程序。主程序如图 11-16 所示。

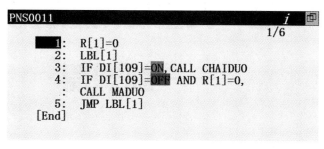

图 11-16　主程序

第12章　典型应用工程实践

——弧焊篇

12.1　焊接工作站结构认知

焊接工业机器人是面向工业领域的多关节机械手或者多自由度机器人，它具有以下特点：

(1) 机器人焊接质量稳定。由于机器人焊接参数稳定，因此焊缝质量受人为因素的影响较小，降低了对工人操作技术的要求。

(2) 产品周期明确，容易控制产品质量。机器人的生产节拍是固定的，因此所安排的生产计划非常明确。

(3) 提高了劳动生产率，机器人可 24 h 连续生产。随着高速、高效焊接技术的应用，采用机器人焊接，效率可得到显著提升。

(4) 改善了工人的劳动条件。采用机器人焊接，工人只需装卸工件，远离了焊接弧光、烟雾和飞溅等。工人无须搬运笨重的手工焊钳，使工人从高强度的体力劳动中解脱了出来。

焊接工业机器人的基本组成结构是实现机器人功能的基础，总的来说，Smart Arc 焊接工业机器人系统由机器人本体、机器人控制柜、焊机、送丝机、焊枪、送丝盘架、二氧化碳冷却瓶等构成，如图 12-1 所示，其中 A、B、C、D、E、F 代表电缆或气管，表示各设备之间的连接关系。

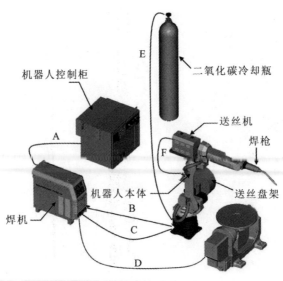

图 12-1　Smart Arc 焊接工业机器人系统组成

12.1.1 焊接安全事项

工业机器人的安全操作注意事项如下：

(1) 未经许可不能擅自进入工作区域；机器人处于自动模式时，不允许进入其运动所及范围。

(2) 机器人运行中发生任何意外或运行不正常时，立即按下急停按钮，使机器人停止运行。

(3) 在编程、测试和检修时，必须将机器人置于手动模式，并使机器人以低速运行。

(4) 调试人员进入机器人工作区域时，需随身携带示教器，以防他人误操作。

(5) 在不移动机器人或不运行程序时，应及时释放使能器按钮。

(6) 突然停电时要及时关闭机器人主电源。

(7) 发生火灾时，应使用二氧化碳灭火器灭火。

焊接时的安全操作注意事项如下：

(1) 在进行焊接工作时，为避免焊接烟尘或气体危害，应按规定使用保护用具。

(2) 佩戴防护眼镜，避免焊接弧光和飞溅的焊渣对眼部和皮肤造成伤害。

(3) 保护气气瓶置于固定架上，并放在干燥、阴暗的环境中，避免气瓶倾倒造成人身事故。

(4) 系统开启后，请勿触摸任何带电部位，避免引起灼伤。

12.1.2 机器人焊接系统组成

FANUC Robot R-0iB 是一款专门为弧焊应用而设计的低价格弧焊机器人。这款 FANUC 工业机器人具有手臂苗条、安装空间小、机身质量轻(小于 100 kg)等特点，适合要求动作精细的弧焊作业，主要组成部件如图 12-2 所示。

(1) 焊机(焊接设备)：也叫焊接电源，是为焊接提供电流、电压并具有适合该焊接方法所要求的输出特性的设备。

(2) 送丝机：在微电脑控制下，可以根据设定的参数连续稳定地送出焊丝的自动化送丝装置。

(3) 焊枪：焊接过程中，执行焊接操作的部分。工业机器人焊枪带有与机器人匹配的连接法兰。

　(a) 焊接机器人　　　　　　　(b) 焊机　　　　　　　(c) 送丝机

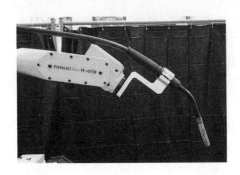

(d) 焊枪

图 12-2　FANUC Robot R-0iB 弧焊机器人主要组成部件

12.1.3　焊机认知

焊机是利用正负两极在瞬间短路时产生的高温电弧来融化电焊条上的焊料和被焊材料，达到使被接触物相结合的目的。其结构十分简单，相当于一个大功率的变压器。

(1) 检查焊机电源线，确认焊机电源线位置(可按照图 12-3 进行)，额定输入电压为三相 AC380V。

图 12-3　焊机电源线

(2) 确认焊机通信电缆，通过焊机通信电缆把焊机上的焊机通信接口与机器人控制柜中的 DeviceNet 模块相连，如图 12-4 所示。

图 12-4　焊机通信接口与 DeviceNet 模块相连

(3) 确认送丝机通信电缆，通过通信电缆把焊机上的送丝机通信接口与送丝机上的送丝机通信接口相连，如图 12-5 所示。

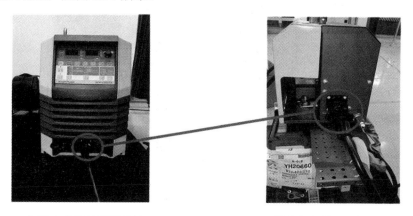

(a) 焊机上的送丝机通信接口　　　　　(b) 送丝机上的送丝机通信接口

图 12-5　送丝机通信电缆接口

(4) 确认焊机正负极电缆，将焊机负极电缆线一头与焊机上的负极端子相连，另一头与工件相连(一般为夹具)，如图 12-6 所示。

图 12-6　与焊机负极端子相连接口

将焊机正极电缆线一头与焊机上的正极端子相连,另一头与机器人底座正极端子相连。然后将机器人 J3 轴上的焊机正极电缆与送丝机正极端子相连，如图 12-7 所示。

(a) 焊机正极端子　　　　　　　(b) 机器人底座正极端子

(c) 机器人 J3 轴上的焊接正极电缆与送丝机正极端子相连

图 12-7　焊机正极电缆线的连接

（5）查看焊机软件配置。系统硬件搭建完成后，需要进行软件配置。首先确认焊机内部的软件版本号，长按焊机面板的【功能】键，进入内部菜单模式，旋动旋钮直至显示屏出现"FA9"，按【执行】键进行修改。此时有三种软件版本：OFF(模拟量通信方式)、FAN(客户通用软件版本)、FAS(定制版)。选择"FAN"，按【执行】键确认，再按【功能】键退出。焊机软件版本选择完成，如图 12-8 所示。

图 12-8　焊机软件版本选择

12.1.4　送丝机认知

送丝是焊接过程中非常重要的一个操作环节，手工氩弧焊焊接的送丝多采用焊工手指捻动焊丝来完成，焊工手工送丝会带来送丝准确性差、一致性差、送丝不稳定等问题，从而导致了焊接生产效率低下，造成焊接成型一致性差。另外，焊工手持焊丝长度有限，长时间焊接时需要频繁拿取焊丝，焊接效率较低，且每段焊丝焊接完成后都会留存一小段焊丝无法使用，造成了浪费。

自动机械化送丝装置主要应用于手工焊接自动送丝、自动氩弧焊自动送丝、等离子焊自动送丝和激光焊自动送丝等场合。系统采用微电脑控制与步进减速电机传动，送丝精度高，可重复性好。

1. 送丝机安装

(1) 安装送丝机支架：将送丝机支架安装到机器人 J3 轴末端，如图 12-9 所示。

图 12-9　安装送丝机支架

(2) 安装送丝机：将送丝机安装到送丝机支架上，焊枪电缆接入送丝机焊枪接口中，如图 12-10 所示。

图 12-10　安装送丝机

(3) 安装气管：将气管与送丝机上的气管接头相连并用卡箍固定，气管另一头连接现场的气源，如图 12-11 所示。

图 12-11　安装气管

(4) 安装送丝管：将送丝管一头与送丝机上的送丝管接头相连，如图 12-12 所示，另一头与送丝支架上的快插相连，如图 12-13 所示。

图 12-12　送丝管一头与送丝机
　　　上的送丝管接头相连

图 12-13　送丝管另一头与送丝支架
　　　上的快插相连

(5) 固定电缆吊装：将送丝机引出的所有电缆固定在送丝机支架上(否则长时间使用会有断裂风险)，如图 12-14 所示。

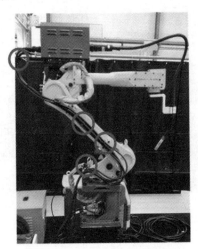

图 12-14　固定送丝机电缆

2. 焊枪的安装

(1) 将机器人的 L 型焊枪架固定到机器人 J6 轴的法兰盘上，如图 12-15 所示。

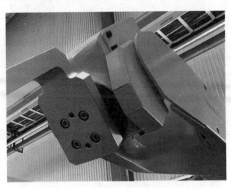

图 12-15　焊枪架固定到机器人法兰盘上

(2) 将焊枪卡入凹槽后拧紧支架，如图 12-16 所示。

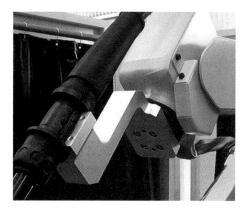 

(a) 拧紧前　　　　　　　　　　　　(b) 拧紧后

图 12-16　拧紧焊枪

12.1.5　烟尘净化器认知

烟尘净化器是一种针对工业废气(烟雾、烟尘)而设计的高效空气净化器，其由吸尘管道、高效过滤器、活性炭过滤器、专用吸尘风机及触摸式微电脑控制器等组成一个完整的空气净化系统，如图 12-17 所示。

图 12-17　烟尘净化器

12.1.6　清枪站认知

1. 清枪站

清枪站是为焊接机器人专门配备的用于剪丝、清枪、喷油的设备。它的工作流程是：机器人焊枪到位后发出信号 — 清枪站开始工作，剪丝工作完成 — 机器人等待清枪站剪丝气缸给出信号 — 机器人位移到清枪机构 — 机器人焊枪到位发出清枪信号 — 清枪完成。剪丝、清枪、喷油全部流程如图 12-18 所示。

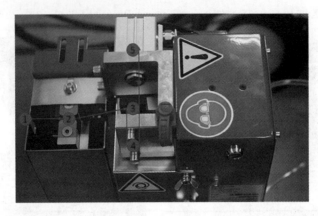

图 12-18   剪丝、清枪、喷油

2. 剪丝、清枪、喷油过程

(1) 机器人从点 1(如图 12-19 所示)将焊枪移动到点 2(如图 12-20 所示)剪丝位置。

(2) 机器人控制系统开始向清枪站发送"剪丝启动"DO105 信号。

图 12-19   点 1 位置   图 12-20   点 2 位置

(3) 机器人从点 2 移动到点 3 清枪位置接近点。

(4) 从点 3 向下移动到点 4 清枪位置，如图 12-21 所示。

图 12-21   从点 3 向下移动到点 4

(5) 机器人控制系统给清枪站发送"开始清枪"DO104 信号。

(6) 数秒后清枪停止，机器人从点 4 移动到点 5，清枪完毕。

(7) 机器人由点 5 返回 HOME 点(在以上过程中可以随意添加必要的安全过渡点)。清枪站程序清单如图 12-12 所示。

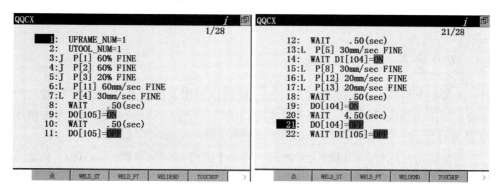

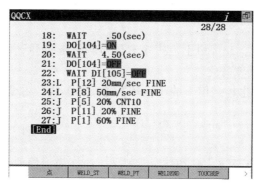

图 12-22　清枪站程序清单

12.1.7　变位机认知

为了便于机器人完成焊接任务，需要借助变位机改变工件的姿态，通过变位机来拖动待焊工件，使其待焊焊缝运动至理想位置进行施焊作业，所以变位机在焊接中也起到了相当重要的作用。变位机由控制柜或外部设备直接控制，用于扩展机器人功能或者运动空间。一般变位机不与机器人进行耦合运动，即其运动不会引起机器人的运动。变位机如图 12-23 所示。

图 12-23　变位机

12.2 机器人首次运行

12.2.1 安全检查

(1) 机器人上电运行：点动机器人之前，请确认操作人员熟悉 FANUC 机器人的基本操作。首次使用机器人时，应在周围无其他障碍的情况下，低速运行，然后逐渐加快速度，并确认是否异常。

(2) 剪丝清枪站运行：在机器人示教器上点击【I/O】键，分别激活 DO104 "开始清枪" 和 DO105 "剪丝启动" 信号，看剪丝清枪站是否正常运行。

(3) 送丝机运行：在机器人示教器上点击【Wire+】(送丝)和【Wire-】(收丝)键，看送丝机是否正常运行。

(4) 气体调节器运行：在焊机上点击【气体检测】键打开气体调节器，旋转调节器旋钮，看钢珠是否有位置刻度变化。

(5) 变位机运行：点击控制柜上的【正转】、【反转】键，看变位机是否相应地转动。

12.2.2 熟悉示教器

焊接工作站示教器与普通示教器有功能差别，在按键上修改了焊接试运行键，包括送丝机送丝键和送丝机收丝键，如图 12-24 所示。

图 12-24　焊接工作站示教器

12.2.3 坐标系设定

1. 工具坐标系示教

(1) 在机器人工作范围内放置尖点工具，以尖点作为参考点。

(2) 在工具上确定一个参考点(这里的工具为焊枪焊丝的端点，参考点为清枪站 TCP 指针)。

(3) 用手动操纵机器人的方法移动焊枪，使其以三种不同的机器人姿态尽可能与参考点触碰，如图 12-25 所示。

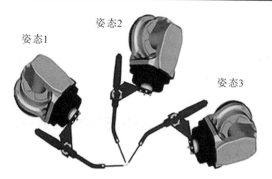

(a) 三种不同的机器人姿态模拟图

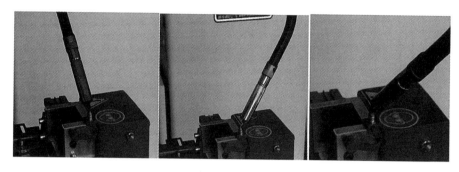

(b) 三种不同的机器人姿态示范图

图 12-25　工具坐标系三点法示教

(4) 机器人通过这三个位置点的位置数据计算求得 TCP 的数据，保存工具坐标系。

2. 用户坐标系示教

用三点法创建相应位置的用户坐标系，如图 12-26 所示(方法略)。

图 12-26　用户坐标系示教

12.3　轨迹编程

12.3.1　焊接功能设置为无效

轨迹的编辑是为了让操作者熟悉 FANUC 机器人的操作方法，为之后的焊接轨迹编程示教建立机器人操作的安全保障。

(1) 点击示教器上的【MENU】，按【2】(试运行)键。

(2) 点击【1】(弧焊)键进入焊接试运行界面，如图 12-27 所示。该界面也可以点击焊接包功能附加的【WELD ENBL】(焊接试运行)键快速进入。

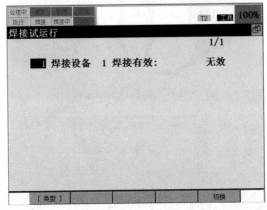

图 12-27　焊接无效

(3) 点击【F5】(切换)键将焊接切换为无效。示教器屏幕左上方"焊接"为黄色时无效，为绿色时有效。

12.3.2　焊接程序设定

焊接工艺参数是指焊接时，为保证焊接质量而选定的物理量(如焊接电流、电弧电压、焊接速度、热输入等)的总称。焊条电弧焊的焊接工艺参数主要包括焊条直径、焊接电流、电弧电压、焊接速度和预热温度等。它的设置将大大影响最终的焊接效果，是不可缺失的一部分。

1. 焊接程序设置

(1) 点击【MENU】，按【F3】(功能)键选择"焊接程序"，如图 12-28 所示。

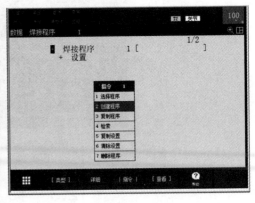

(a)　【MENU】菜单下的【F3】(功能)键　　　　　　　(b)　焊接程序界面

图 12-28　添加焊接程序

(2) 按【F3】(指令)键可以选择、创建、复制和删除程序等，此时创建一个新的焊接程序，输入程序名"2"，如图 12-29 所示。

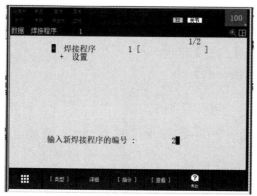

(a) 输入程序名"2"

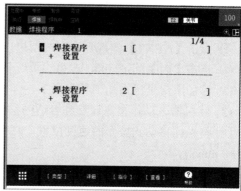

(b) 焊接程序 2 界面

图 12-29 创建一个新焊接程序

(3) 创建程序后询问是否使用自动生成功能，如果选择"否"会直接生成焊接程序，如果选择"是"需选择焊接工件的情况，由此自动生成焊接的协同程序。这里选择"是"，如图 12-30 所示。

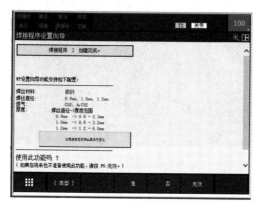

(a) 焊接程序 2 向导界面

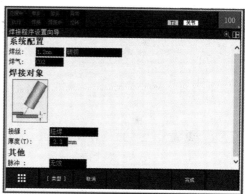

(b) 焊接工件配置界面

图 12-30 焊接程序向导

(4) 根据想要的工艺调节焊接参数，如图 12-31 所示。

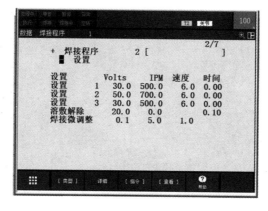

图 12-31 调节焊接参数

2. 起弧、灭弧焊接指令的添加

(1) 为了保证程序有效，需要先调用工具坐标系与用户坐标系。

① 点击【NEXT】键直到下方选项栏出现【指令】选项。

② 点击【F1】(指令)键，在第二页选择【坐标系】。

③ 添加用户坐标系和工具坐标系。

(2) 将机器人动作指令调整到合适的参数。

① 将光标移动到指令的速度位置，直接输入数值(关节运动大概为 20%，直线运动大概为 8 mm/s)。

② 将圆弧度 CNT 调整为 0～10 间。

③ 添加加速度为 ACC20。

(3) 添加起弧、灭弧焊接指令。

① 将光标移至开始焊接位置的前一行，点击【F1】(指令)键。

② 在选项栏里选择【1】(弧焊)，接下来添加【弧焊开始】。

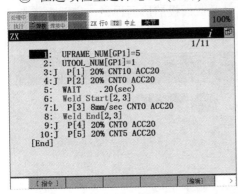　

(a) 焊接指令　　　　　　　　　　(b) 焊接对象

图 12-32　起弧、灭弧焊接指令(直线)

③ 输入存有焊接参数的焊接程序(括号中第一位为焊接程序位次，第二位为设定位次，在图 12-32 中为第二个焊接程序的第三个设定)。

(4) 程序编辑完毕，运行测试是否存在需要修改的地方，检测无误后将焊接试运行修改为"有效"，并进行焊接以观看其效果，板与板对接焊如图 12-33 所示。

图 12-33　板与板对接焊

12.3.3　现场编辑焊接轨迹

弧焊过程比点焊过程要复杂得多，工具中心点(TCP)作为焊丝端头的运动轨迹，其焊枪姿态、焊接参数都要求精确控制。

工件焊接种类较多，但方法相似，这里以管板对接为例进行介绍。

(1) 采用三点法创建相应的工具坐标系、用户坐标系。

(2) 创建焊接程序(程序编辑开始时将焊接试运行修改为"无效")。

(3) 记录 HOME 点，调用相应的工具坐标系、用户坐标系。

(4) 将焊枪调整好角度移动到需要起焊的地方，如图 12-34 所示，焊枪移动的过程中可以随意添加必要的安全点。

图 12-34　调整焊枪角度

(5) 利用圆弧指令编辑轨迹(本次采用圆弧 C 指令，A 指令同样可行)。由于管板对接焊用到了变位机调整位置，因此需要分两部分焊接，但两部分流程相同，只是位置发生了变化，如图 12-35 所示。

图 12-35　圆弧焊接轨迹

示教流程如下：

① 机器人从 HOME 点到达点 1。

② 由点 1 垂直向下到达点 2(这里尽量使用 L 指令)。

③ 利用圆弧指令行走半圆经过点 3 和点 4。

④ 由点 4 垂直向上到达点 5(这里尽量使用 L 指令)。

⑤ 由点 5 返回 HOME 点，如图 12-36 所示。

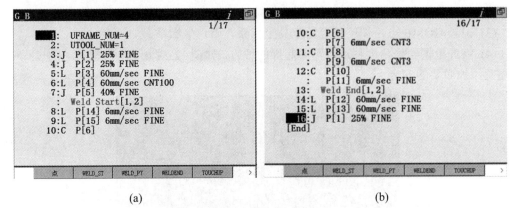

(a)　　　　　　　　　　　　　　　　(b)

图 12-36　圆弧焊接详细程序(G_B)

(6) 根据实际情况修改指令的速度、圆弧度和加速度等参数。

(7) 整合两个程序编辑一个调用两部分的主程序(由于管板对接用到了变位机，因此需要添加与 PLC 的交互信号)，如图 12-37 所示。

① 进入程序后让 R[1]复位，开始焊接前半部分。

② 等待焊接完毕后给 PLC 发送一个 DO103 的信号，让变位机旋转 180°。

③ 等待变位机旋转到位反馈的 DI102 信号，继续焊接后半部分。

④ 等待焊接完毕后给 PLC 发送一个 DO106 的信号，让变位机复位。

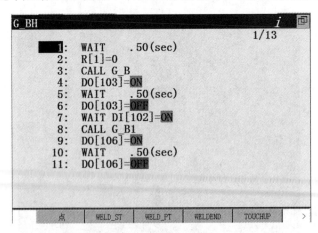

图 12-37　与 PLC 的交互信号

(8) 在相应的焊接起始、结束前添加相应的起弧、灭弧指令和焊接参数。

(9) 程序编辑完毕，运行测试是否存在需要修改的地方，无误后将焊接试运行修改为"有效"，并进行焊接以观看其效果。

(10) 套管接头焊接与管板焊接流程一致，只是套管接头焊接机器人的运动速度要稍快一些，防止焊条在还未冷却时下流，如图 12-38 所示。

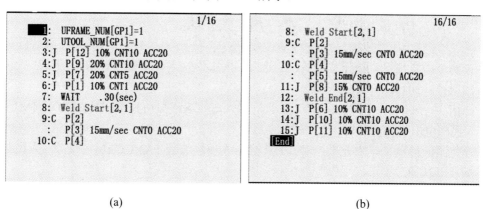

(a)   (b)

图 12-38　圆弧焊接详细程序(G_B1)

参 考 文 献

[1]　彭赛金，张红卫，林燕文，等. 工业机器人工作站系统集成设计[M]. 北京: 人民邮电出版社，2018.

[2]　陈南江，郭炳宇，林燕文，等. 工业机器人离线编程与仿真(ROBOGUIDE) [M]. 北京: 人民邮电出版社，2018.

[3]　李艳晴，林燕文，卢亚平，等. 工业机器人现场编程(FANUC)[M]. 北京: 人民邮电出版社，2018.

[4]　丁建强，任晓，卢亚平. 计算机控制技术及其应用[M]. 2 版. 北京: 清华大学出版社，2017.

[5]　胡金华，孟庆波，程文峰. FANUC 工业机器人系统集成与应用[M]. 北京: 机械工业出版社，2021.

[6]　郭洪红. 工业机器人技术[M]. 3 版. 西安: 西安电子科技大学出版社，2020.

[7]　韩鸿鸾. 工业机器人现场编程与调试一体化教程[M]. 西安: 西安电子科技大学出版社，2021.

[8]　张爱红. 工业机器人应用与编程技术[M]. 北京: 电子工业出版社，2015.

[9]　张爱红. 工业机器人操作与编程技术(FANUC)[M]. 北京: 机械工业出版社，2018.

[10]　余攀峰. FANUC 工业机器人离线编程与应用[M]. 北京: 机械工业出版社，2020.

[11]　孟庆波. 工业机器人离线编程(FANUC)[M]. 北京: 高等教育出版社，2018.

[12]　黄忠慧. 工业机器人现场编程(FANUC)[M]. 北京: 高等教育出版社，2018.

[13]　林燕文，陈伟国，程振中. 工业机器人编程与仿真(FANUC)[M]. 北京: 高等教育出版社，2020.

[14]　ROBOGUIDE 使用手册. 上海发那科机器人有限公司，2015.

[15]　FANUC Robot Series R- 30iA 控制装置操作说明书. 上海发那科机器人有限公司，2010.

[16]　FANUC Robot R-OiB 机构部操作说明书. 上海发那科机器人有限公司，2010.

[17]　FANUC 机器人培训 C 级资源包. 上海发那科机器人有限公司，2019.